建筑设计节能与环保

杨立伟 著

哈尔滨出版社

HARBIN PUBLISHING HOUSE

图书在版编目（CIP）数据

建筑设计节能与环保 / 杨立伟著 . -- 哈尔滨 ： 哈
尔滨出版社，2024.1

ISBN 978-7-5484-7665-8

Ⅰ．①建… Ⅱ．①杨… Ⅲ．①建筑设计－节能设计
Ⅳ．① TU201.5

中国国家版本馆 CIP 数据核字（2023）第 235392 号

书　　　名：**建筑设计节能与环保**
JIANZHU SHEJI JIENENG YU HUANBAO

作　　　者：杨立伟　著

责任编辑：韩伟锋

封面设计：张　华

出版发行：哈尔滨出版社（Harbin Publishing House）

社　　　址：哈尔滨市香坊区泰山路 82-9 号　邮编：150090

经　　　销：全国新华书店

印　　　刷：廊坊市广阳区九洲印刷厂

网　　　址：www.hrbcbs.com

E－mail：hrbcbs@yeah.net

编辑版权热线：（0451）87900271　87900272

开　　　本：787mm×1092mm　1/16　印张：10　字数：220 千字

版　　　次：2024 年 1 月第 1 版

印　　　次：2024 年 1 月第 1 次印刷

书　　　号：ISBN 978-7-5484-7665-8

定　　　价：76.00 元

凡购本社图书发现印装错误，请与本社印制部联系调换。

服务热线：（0451）87900279

前　言

　　房屋建筑是人们日常生活中必要的基本条件,房屋的应用也成了人们极其关心的问题。在如今社会迅速发展的大环境下,我国房屋建筑的发展得到了极大的提高,为人们提供了更加优质的房屋建筑。但是在进行建筑施工的同时,对社会资源造成了一定的压力,也对生态环境产生了严重的影响。在社会可持续发展理念的指导下,保证资源的利用、减轻对自然资源和社会资源的压力、降低对自然生态环境的破坏,是房屋建筑工程中重点关注的问题,房屋建筑的设计理念对工程实施以及房屋的应用是否环保都存在着重大的影响。因此,在房屋建筑的设计中,应体现节能环保的科学理念,使房屋建筑的施工和应用都能够实现节能环保,为生态环境的保护起到积极的推进作用。

　　建筑设计中的生态平衡、环境保护与节约能源不是孤立的,也不是矛盾的,而是相互影响和联系的。人类可以自主建造舒适的建筑内部环境,但人工化的舒适通常依赖于照明、空调和通风等高耗能设施,且舒适度的提高又往往以耗能的增加为前提条件。能源过度消耗势必造成一定的能源危机,长久下去将会对人类的生存和发展造成一定的威胁,不利于可持续战略的实施。随着建筑行业的发展和人们生活水平的提高,建筑能耗问题越来越严重,在整个能耗中已经占有了很大的比例,对环境造成了较大的影响。每年由于新建和改建建筑,消耗了大量的能源从而导致自然环境不断恶化,同时在建设过程中还存在水污染严重、土地资源利用率低等严重问题,如不注意防止水、土和空气的污染,自然环境也将受到严重影响。所以说,建筑设计与环保节能问题是密不可分的,在进行建筑设计的时候需要注意自然资源的合理利用、人与自然关系的和谐问题,应将资源的可持续性作为重要原则。

　　发展的观念正逐渐成为人类社会的共识,不管是环保建筑还是节能建筑,其宗旨都是为了人类的安居乐业和长久的持续发展。目前,对于建筑节能新理念的学习,在引进学习国外先进节能理念的同时,也不能忘记中国传统建筑理念,将国外先进的建筑结构设计理念和技术,与中国传统的建筑模式和特色相结合,形成能够代表中国的建筑风格。

目　录

第一章 建筑绿色低碳研究

第一节 绿色建筑与低碳生活

一、中国绿色节能建筑的现状与面临的问题

党的十九大提出，必须坚定不移贯彻创新、协调、绿色、开放、共享的发展理念，绿色节能建筑理念在中国得到了进一步发展。近年来，中国创设了"中国绿色节能建筑创新奖"，意味着中国正全面地进入了提倡绿色节能建筑的工作阶段。但是作为新兴理念的绿色节能建筑面临着很多的问题，其发展随之也受到了很多因素的制约。

（一）绿色节能建筑知识与理念的缺乏

中国作为一个能源消耗的大国，伴随着市场经济的飞速发展，导致不可再生能源短缺等问题日益突出。但中国的建筑设计人员以及施工者对绿色建筑知识与理念接触较晚，使其难以发挥自身的主观能动性，进而导致过去实施绿色建筑发展战略的步伐缓慢。

（二）强有效的法规与政策的缺失

多年来，国家对扶持以及引导绿色建筑等理念缺乏强有效的法规政策，中国目前的法律与法规仅仅是对能源、水资源、土地以及原材料等的节约做了简单规定，但这一简单规定并没有设立统一的参考标准规范，导致绿色建筑工作的实施长期滞后，也成为中国全面构建资源节约型国家一个相对薄弱的环节。

（三）新技术和系统标准规范的缺失

西方一些发达国家其绿色节能建筑早已在经济发展以及能耗率持续降低两方面获得一些成就，借鉴西方的成功经验对推动中国绿色建筑的发展有很重要的意义。即使中国也设定了相应的建筑节能标准，但是有关建筑的"节水、节材、节地、节能"与环境保护其综合性的标准体制尚未完善。

二、绿色建筑和低碳生活的共同目标

绿色节能建筑与低碳生活意味着节能。节约自然能源——节能、节水、节地、节材。低碳经济与低碳生活是以低污染与低能耗作为底线的经济。低碳生活与低碳经济不单单表示制造业需加快取缔高污染与高能耗的相对落后的生产力，促进节能减排类型的科技创新，同时也要引导人们去反思哪一种类型的生活方式和消费模式是对资源的浪费以及增加排污量，进而充分发挥消费生活等领域节能减排的潜能。

绿色建筑以及低碳生活的共同目标，即通过人们的建筑行为和消费的行为来实现人和自然的和谐共处，保证为人类长期生存发展提供所必需的自然能源、环境等基础条件。因此，人类务必要控制并约束其行为对消耗自然能源的水平、规模和频率，以确保自然生态系统功能的完整性，实现人们生存观的完善、进步与优化，以科学合理的发展理念来达到自然可持续的发展诉求。通过提升创新水平以及高新科技的广泛应用与推广，减少能源的消耗，以达到宜居和谐的生态环境。要积极发现再生资源、新资源、循环资源和可替代的资源，进而缓解并解决压制威胁人类发展的自然资源和环境因素。

三、推行绿色节能建筑的根本思路与对策

推行中国的绿色建筑起步相对较晚，在设计与施工方面缺乏成熟的经验与技术。建筑所具备的自身使用年限，作为一种高消费品，不可能频繁地更新，因此延长建筑物使用年限可以降低废料的产生，同时也可以节约资源。中国要推行绿色节能建筑，务必针对目前所面临的问题，增强并发挥政府导向与管理的能力和作用，及时地提出切合实际的绿色节能建筑作业思路与对策，加大推行绿色节能建筑工作的力度。

（一）推行绿色节能建筑的工作理念

（1）从建筑法律法规、规范标准以及创新技术等方面全面推行绿色节能建筑。

（2）从建筑立项、设计、规划、施工、竣工验收以及维护等环节实施全过程的监督管理。

（二）推行绿色节能建筑的重要对策

（1）因为中国耕地的面积相对人口数量来说很少，其高层建筑的存在不单单解决了人类住房问题，同时占地面积也相对较小，把一定的土地资源充分地利用，遵循一定的建筑节能和人与自然共存的建筑原则。

（2）制定更加广泛全面的建筑节能标准和技术规范，鼓励和唤起全民的节能意识。绿色建筑设计要根据当地的具体情况、风俗习惯，尽量使用节能材料，将建筑节能与技术创新相结合。

（三）绿色建筑的节能设计对策

绿色建筑的根本是节能。因此做好节能设计是实现绿色建筑的最主要途径。

1. 建筑屋顶与外墙节能设计对策

外墙和屋顶保温措施起到一定的保温和隔热效用，确保在冬天温度低的地区、夏天温度高的地区室内有着舒适的温度，在一定程度上，节省了冬天取暖及夏天降温所使用电力等资源。对屋顶与外墙实施绿色环保节能的设计不但节省了国家资源，同时也调节室内温度，为人们创造较好的生存环境。

2. 建筑门窗节能设计对策

建筑的门窗重点有通行、采光以及通风的作用，同时也是绿色建筑设计之中主要一个环节。增加建筑物门窗的面积，加强建筑物室内的采光以及通风效果，确保室内空气的质量，但是给室内隔热与保温设计带来一定程度的难题，所以中国相继推出一些强制性的规定，明确建筑开窗的面积比例。假如一味地追求绿色建筑节能的功效，导致开窗面积过小，将不利于建筑室内空气流通，进而使人有一种压迫感。所以科学地对门窗进行节能设计才可以真正实现绿色建筑目标。另外，严格控制门窗的密封性能和隔热效果也是建筑节能设计和施工中不可忽视的重要方面。

四、绿色建筑设计中加大对可持续资源的运用

（一）太阳能的利用

太阳能是一种清洁能源。在建筑中，太阳能热水器的运用为人们创造了非常方便的热水，不仅环保而且经济。另外，太阳能路灯、观赏灯在许多地区已被广泛利用。光伏发电技术的推广应用使得太阳能发电渐渐地取代部分火力发电，节省了煤炭资源，遵循低碳生活的导向。

（二）风能的运用

中国有着非常丰富的风力能源，但其总体的利用率相对很低，2005 年中国的风力发电总量只占全国发电总量的 2%，是印度的 1/4。近年来风能利用在我国逐渐增多。但整体来讲中国还未步入风力能源的广泛运用阶段。因此我国应当提高风能的利用率，在设备与技术上，我们可从一些先进的国家引入，在一些合适的地区完全可用风能发电取代火力发电，可以有效地节约资源并提升当地的空气质量。

人类生存的过程，即为消费能源与自然排放的一个过程。二氧化碳作为人们消费能源的产物，同时也是导致温室效应问题的根源。伴随着人类数量的增加与活动能量的膨胀，人类活动已严重危及自身生存环境。党的十九大提出，必须坚定不移贯彻创新、协调、绿色、开放、共享的发展理念。推进绿色发展，加快建立绿色生产和消费的法律制度及政策

导向，推进资源全面节约和循环利用，倡导简约适度、绿色低碳的生活方式，反对奢侈浪费和不合理消费，开展创建节约型机关、绿色家庭、绿色学校、绿色社区和绿色出行等行动。为今后可持续的发展指明方向，也使群众更进一步地关注低碳经济的实行。

中国对全世界公开承诺减排指标，即到 2020 年其温室气体的排放量比 2005 年降低 40% 左右，低碳生活已如约而至，正贯穿于我们日常的生活。在日常的生活中，需要每个人做到节电、节水、节地、节气、节碳、节油，从每一个人做起，从此刻做起。低碳生活是人类构建的绿色生活模式，只要积极行动、人人参与，就能够接近低碳生活，实现低碳生活的目标。

总之，发展绿色建筑，倡导低碳生活，是党的十九大提出的"要坚持环境友好，合作应对气候变化，保护好人类赖以生存的地球家园"的具体实践，是全人类共同的责任，是构建人类命运共同体的重要组成部分。只有这样，才能实现从"高碳"到"低碳"的时代跨越，在真正意义上实现人和自然的和谐共处。

第二节　低碳理念下绿色建筑的发展

随着时代的不断发展，我国城镇化建设进程不断加快，中国也是世界上建筑市场较为大型的国家之一。随着我国建筑业的不断发展，相应的污染排放与能量损耗也随之上升，加之空调、采暖设备的使用，我国目前建筑业二氧化碳排放量占总体的百分之三十，环保的重要性开始凸显，"低碳发展"这一理念的提出引起了社会的广泛关注。要想更好地推进社会建设，低碳理念的重要性不言而喻，绿色建筑指的是能够达到节能减排目的的建筑物，低碳理念下绿色建筑的发展对降低社会二氧化碳排放量无疑有着重要的意义。

一、低碳理念的实现原则

低碳理念贯穿了经济、文化、生活等多个方面，其核心主要为加强研究与开发各类节能、低碳、环保等能源技术，从而达到共同促进森林恢复和增长、增加碳汇、减少碳排放、减缓气候变化的目的。低碳理念的实行可以有效缓解目前常见的资源浪费、生态赤字扩大以及资源环境破坏较大的现状。基于低碳理念的绿色建筑建设需要遵循以下几项原则。

可再生资源是人们目前正在研究与开发的主要方向，将可再生资源运用至绿色建筑中可以有效降低绿色建筑的能源损耗。可再生资源的利用可以有效降低建筑所耗成本，同时也达到了节约资源的目的。目前人们正面临着资源枯竭的难题，可再生资源的开发与利用为人们指明了新的发展方向，然而由于目前可再生资源的开发与利用还有待发掘，国内大部分行业依旧采用传统的能源工作方式，建筑业便是其中最具代表性的行业之一。建筑业作为我国较为大型的产业之一，其为社会的发展以及经济增长提供了不可磨灭的帮助，然而建筑业的发展也导致能源损耗以及碳排放量大大增加，节能是低碳理念的核心内容，基于低碳理念背景下，在进行绿色建筑的设计时应当充分利用可再生资源，例如太阳能、风能等资源，借助这些能源实现建筑电能以及暖气的提供，可以有效降低建筑所耗能源。对于修建在半地下以及地下的建筑，则可以考虑地热能这一能源，从而实现建筑物冬暖夏凉的功能。

在设计建筑物时，设计团队可以对建筑物的地理环境提前考察，在设计图纸时应当充分考虑建筑的朝向以及建筑物的间距，尽可能避免建筑长期处于阴凉地段，长期太阳光照可以帮助用户充分利用太阳能这一可再生资源实现能源转换，从而满足日常生活的能源需求、减少能源损耗。同时应当注重建筑通风口以及体型的设计，保障建筑的流畅通风，降低制冷能源的使用率，将低碳理念践行至生活中的方方面面。最重要的便是建筑物稳定性的保障，避免建筑出现受潮等现象。窗体比例是建筑物的重要组成部分，合理的窗体设计可以有效避免出现建筑能耗增加的状况，因此在设计建筑时应当减少窗体比例，避免出现冷风渗透导致建筑内部能耗增加的现象。

二、低碳理念在绿色建筑中的贯穿

由于太阳能是可再生资源，通过在绿色建筑内部增设采集太阳能并转换的设备可以实现建筑物的保温，同时可以有效降低建筑的整体能源损耗。太阳能作为环保能源之一，其具有无污染、纯净、可再生等特点，对于绿色建筑的发展而言，太阳能资源的利用可以达到保护环境的目的。不仅如此，众所周知太阳光的辐射短波具有杀菌消毒的作用，当太阳光照强烈时，也可以起到清洁建筑物整体环境的作用，为人们日常生活的环境提供健康保障。

对于绿色建筑而言，仅有建筑表面接收强烈光照是远远不够的，在设计建筑的过程中应当尽可能保障阳光朝向的房间拥有较大的窗口，同时地面设计应当为蓄热体，当阳光通过窗口照射进房间时，地面蓄热体便可以开始存储热能，从而实现房间保温的功能，不仅如此，其他房间也将得益于地面蓄热体的功效从而实现整体保温的目的。然而该项设计在夏天容易造成房间温度过高，因此在设计时应当在窗体上设计可调节排气孔，以便住户在夏天做好遮阳避暑的措施。

在设计绿色建筑时应当考虑建筑物朝向这一影响因素，合理的朝向设计可以帮助南朝向的房间在冬季获得大量的光照，从而提升室内温度，同时可以在房间内增加保温板的设计，防止夜间出现热量流失的状况。建筑物墙面的设计也应当尽可能使用保温材料，尽可能使室内温度维持在相对良好的状态。考虑到冬季温度较低，为了保障室内温度同时尽可能降低能量损耗，因此在保障室内通风良好的前提下，应当尽可能减少开门窗的数量。根据不同建筑所处的地理环境，建筑的设计可以有所变更，假如建筑物处在迎风地带，则可以根据建筑物周边的环境进行建筑物的设计，从而实现防风功能。

三、低碳理念在绿色建筑发展中的具体应用

（一）利用太阳能

太阳能是当前利用最为广泛的可再生资源，对太阳能利用技术进行创新，尤其在绿色建筑建设过程中需加强太阳能技术的应用。太阳能技术的应用可采用主动式的方法，借助机械来获得热量，如太阳能热水器、太阳能集热器及相关的设备；也可采用被动式的方法，即通过建筑结构以自然的方式来获取热量。

（二）保温节能设计

在当前的建设过程中，要加强建筑的保温性能，减少绿色建筑的能耗损失，同时要落实低碳理念采取相应的保温措施。另外，要根据绿色建筑的使用性质，对建筑的热特性进行设计，具有一定的稳定性，保证室内温度差异不大。

（三）有效控制施工成本

在当前的绿色建筑建设过程中，要对施工成本进行有效控制，从而提高经济收益，进一步推动生态效益的提高。但是，从当前的工程造价管理来看，缺乏对施工管理的动态控制，因此要进行动态的成本控制，进一步提升绿色建筑技术的应用效果。

（四）应用节能环保材料

在当前的绿色建筑建设过程中，要对新型建筑材料进行开发，加强对不同种类节能环保材料的应用，尤其是生态环保材料，能有效降低能量损耗。同时，生产企业要根据绿色建筑标准来对建筑产品进行有效的开发，加强对废弃物的利用。比如，对建筑建设中废弃的再生骨料进行利用，形成水泥制品、再生混凝土；利用建筑工业废弃物制作墙体材料、保温材料，可以充分地实现资源利用最大化，推动绿色建筑发展，引导绿色建筑朝着低碳节能的方向发展。

在绿色建筑发展的过程中，应利用低碳理念加强对绿色建筑技术的改造，同时要考虑市场供需关系及消费者的不同需求，对建造成本进行有效的控制，最大限度地扩展绿色环保材料的应用。同时，当前生态环境进一步恶化，节能减排成为当前建筑行业面临的重要任务。因此，要降低建筑产业的碳排放，进一步提高资源利用率，促进绿色建筑发展。

第三节　绿色建筑低碳节水技术措施

在我国，绿色建筑主要指能够为市民提供舒适、健康、环保、安全的居住、工作和日常活动空间，建筑规划、原料使用、建筑设计、施工建设、建筑运营维护与配置安装均秉

承绿色环保理念。绿色建筑低碳节水技术施工是绿色建筑施工的重要分支，起到节水的作用。在绿色建筑施工过程中贯彻落实低碳节水理念，在确保市民日常生活质量的前提下尽量减少用水量，避免水资源浪费与污染，提高水资源循环利用效率。

一、绿色建筑节水的评价标准

从基本内涵分析，绿色建筑节水指节约用水，将低碳节水理念深入绿色建筑设计规划、施工与使用活动中。通过配置节水技术设施在确保市民正常生活的前提下控制水污染，减少水资源耗用量，避免水资源浪费，提高水资源循环利用效率，实现水资源的综合利用，确保供水质量与用水安全，做好水环境保护工作。从标准视角分析，我国已在 2006 年首次颁布《绿色建筑评价标准》（GB/T 50378—2006），该标准体系兼具多层次、多目标两大特征。随着绿色建筑产业的不断发展，绿色建筑标准体系不断丰富和完善，确立绿色建筑低碳节水技术标准体系。

（一）绿色建筑标准评价体系

（1）节约用地面积和室外环境。

（2）节约能源和能源科学利用。

（3）节约水资源和水资源利用。

（4）节约材料资源和材料资源循环利用。

（5）室内环境质量评价。

（6）施工管理评价。

（7）运营管理评价。

七种评价指标的总分均是 100 分，每一指标的评分项大于或者等于 40 分；绿色建筑评价总分是各类指标得分和其所对应的权重乘积的和。绿色建筑总得分所对应的等级分为三个级别：第一等级是一星级，分数为 50 分；第二等级是二星级，分数为 60 分；第三等级是三星级，分数为 80 分。绿色建筑项目管理工作兼具综合性、时间性与创造性三大特征，组合内容包括整体项目管理、范围性管理、时间进度管理、成本费用管理、项目质量管理、人力资源管理、信息沟通管理、项目风险管理和项目采购管理。时间进度管理（简称进度管理）、成本费用管理（简称成本管理）和项目质量管理（简称质量管理）更重要。项目管理工作属于一个总系统，该系统会将不同工作类型划分为不同的分支系统，各分支系统各司其职，确保项目管理工作的顺利完成，达到获取项目效益的目标。绿色建筑项目管理评价工作非常重视加强项目管理组织，在具体工作中，应明确组织内部的排列顺序，合理界定组织范围，优化组织结构，处理组织要素间的关系。秉承分工协作理念，优化职务设定机制，科学划分责任，完善权利保障体系，构建职权、责任、义务一体化的动态结构体系，将绿色建筑项目管理组织制度细分为职能制度、直线职能制度、直线制度、事业部制度、模拟分权制度、委员会制度、多维立体制度、矩阵制度等。

（二）绿色建筑低碳节水技术标准

（1）对于参加运营阶段评价活动的新建筑，应确保其平均日用水量符合节约用水的定额标准。

（2）将用水点供水压力控制在 0.3 MPa 以下，确保供水系统没有超压和出流现象。

（3）针对建筑内部浴室项目采取节水技术措施，避免出现漏水问题。

（4）为新建建筑配置安装节水器具，尽量提高器具的节水效率。

（5）针对绿化节水灌溉活动采用相应的节水技术措施。

（6）针对空调系统的节水冷却设备、道路与车库冲洗设备，采取科学的节水技术措施。

（7）依据不同建筑结构类型与不同的利用方式，为非传统水源的利用率设置得分。

（8）优化非传统水源的运用方式，完善水质的安全保障体系。

（三）绿色建筑低碳节水技术管理子项目

（1）控制项

该子项目条文指出应制定合理的水资源循环利用方案，综合运用不同的水资源；优化给排水系统，确保系统设备的完善性、节水性和安全性；安置低碳化节水器具。

（2）评分项

①节水系统（共计 35 分），日用水量应满足总分 10 分，控制管网漏损 7 分，减压限流 8 分，分项计量 6 分，公用浴室节水 4 分。

②节水器具与设备（共计 35 分），使用较高用水效率等级的卫生器具 10 分，绿化节水灌溉 10 分，空调节水冷却技术 10 分，其他用水节水 5 分。

③非传统水源利用（共计 30 分），非传统水源利用率 15 分，冷却补水水源 8 分，景观补水水源 7 分。

（3）加分项

该项目条文指卫生器具的用水效率均达到国家现行有关卫生器具用水效率等级标准规定的 1 级，分数为 1 分。

节能环保理念是现代社会经济可持续发展的主要依据。绿色节能建筑的发展推动了我国建筑节能技术的发展，其中低碳节水技术就是建筑水系统的核心节水技术。这项技术就是为了实现低消耗、低污染以及低碳排放量，从而降低绿色建筑水系统能耗，提高水资源的利用率，达到降低温室气体排放的效果。根据绿色建筑低碳节水技术的具体情况，分析和研究实现该项技术存在的问题，并寻求切实有效的措施，促进绿色建筑低碳节能技术的可持续发展。

二、供水系统低碳节水技术与减碳

在绿色建筑结构体系中，供水系统是建筑水系统的重要组成部分。供水系统中的低碳节水技术不是单一的，而是由不同组成部分集合起来的，其中分质供水、节水设备的使用、降低无效热能等节水技术。这项技术的应用在很大程度上降低了水资源浪费，降低了供水系统输送水资源过程中的能源消耗，减少了无效能源的消耗，进而削减了供水设备长期运行产生的温室气体，为实现真正的低碳环保奠定了良好的基础。

（一）分质供水

分质供水的方法是为了更好地对水资源进行使用，因不同水质在温室气体排放量上存在一定的差异，运用分质供水技术能够对高品质的水资源进行高规格的应用，而低品质的水资源就可以被低规格使用，这样就实现了科学合理用水的原则。通过这种技术能够把我们生活中不经常使用的水资源进行有效利用，如雨水和海水。采用分质供水技术能够将雨水中含杂质和有污染物的部分清除出去，把品质较高的雨水通过消毒、检验等程序转换成生活用水，海水的分质可以将部分含盐量降低的海水进行分离，并通过特殊手段降低含盐量，也可供生活使用。对不同水质进行不同程度的处理，能够有效降低处理过程中的能源消耗，也能够降低二氧化碳的排放量。提高雨水和海水使用效率，能够减少居民污水和工业污水的排放量，从而降低为企业生产经营与居民生活起居供水过程中供水系统所消耗的能源，减少温室气体的排放量。

（二）节水设备

现代科学技术水平不断提高，促使更多新型的节水设备出现，在绿色建筑工程项目中的应用越来越广泛。我们生活中经常能够见到一些节约器具，例如，地铁站卫生间中使用感应水龙头、节水便器等。使用节约器具能够减少15%左右的水资源浪费。在绿色建筑中，要实现低碳节水技术的应用，节水设备的安装和使用是非常重要的，不仅能够在用水过程中的每个环节起到节水作用，还能降低节水设备在运行过程中消耗的能源，有效避免了供水系统运行造成大量温室气体的排放。

（三）限压出流

绿色建筑工程项目在满足相关给排水系统设计规范的前提下，能够根据水系统超压出流的实际情况，提出相对科学合理的限定措施。实现减压出流，需要在建筑工程给排水系统中安装减压设备，有效控制供水压强。进行限压出流是为了避免水资源浪费以及供水系统附带的工作效率。同时限压出流能够降低建筑企业的投资成本，从某种程度上降低了温室气体的排放。

（四）减少无效热能

绿色节能建筑的最大特点就是在建筑的各个环节都能够体现节能环保的观念。在供水系统中，如何控制热能的无效使用，降低太阳能等在加热和散热时消耗的能源和热源，需要结合用户在水温、水压、用水量以及热源供应效果等因素进行综合考虑，选择具备高效节能的加热和储热设备。先进的节能设备是实现低碳节水的有效途径。在热水使用集中的绿色公共建筑中，需要配备完善的热水循环系统，并对系统进行有效的管理，避免热源的消耗，从而推动绿色建筑低碳节水技术的有效应用与发展。

三、雨水处理低碳控制技术与减碳

我国雨水分布不够均匀，大量的雨水资源并没有得到有效的利用，这也是我国水资源贫乏的原因之一。在雨季，初期降雨由于地表污染物的混合冲刷，使得初期雨水水质较差，这样的雨水采用低碳节水技术没有实质性的效果，因为污染严重的雨水不仅加大了处理过程中的能源消耗，还扩大了投资成本，同时雨水处理过程中，机械设备运行会产生温室气体。针对绿色建筑低碳节水技术的应用和推广，对雨水进行有效的利用，还能够起到低碳环保的效果。

（一）雨水源头的截流控制技术

控制雨水源头，能够有效地实施雨水截流，提高雨水的使用效率。一般雨水控制截流技术的主要方式是对雨水冲刷地区的地表进行改良、增加植被覆盖面积等。这样不仅能够降低雨水冲刷造成的地质危害，还能控制污染物对雨水的侵袭。雨水污染成分降低了，就能够减少后期对雨水处理过程中的能源消耗，进而降低机械设备运行时温室气体的排放量。

（二）雨水径流控污技术

针对雨水径流的流向制定相应的延缓控污措施是促进低碳节水技术应用的有效方法。雨水径流延缓控污技术的主要内容是通过地形改造来对雨水进行储存，并进行局部雨水储存的污染控制，延长雨水径流路线也能够起到延缓控污的作用。这项技术的实施，能够减少供水系统在一定时间段内的水力冲刷和负荷，削弱水资源径流过程中的污染负荷。雨水径流延缓，能够减小输水管道的管径，降低管网布置投资成本，间接地降低温室气体的排放。生态植物系统的建立和运行，能够降低雨水径流污染负荷，当雨水流入城市污水处理厂时，雨水中的污染物在高能耗生物处理过程中排除大量的二氧化碳，而生态植物系统中植被吸收了这些排放出的二氧化碳，进而降低了二氧化碳的排放量。

（三）雨水生态净化技术

雨水储存可以来自我们日常生活中的各个地方，对储存下来的雨水进行生态净化不仅提高水资源的利用率，还能够减少供水系统运行中的能源消耗和温室气体排放。在绿色建筑工程项目中，可以有效利用小区环境景观功能，在绿色建筑小区建立小型的雨水储存设施，并利用生态处理的方式净化雨水。雨水生态净化技术的实施，能够减少日常雨水收集、处理、运输等过程中的成本投入，也能降低日常运行中温室气体的排放量。

四、绿色建筑低碳节水技术在非传统水源中的应用

绿色建筑低碳节水技术不仅仅应用于传统水源，还能应用在非传统水源中。结合绿色建筑可利用的景观设施和储存设施对非传统水源进行收集和储存，并利用生态处理技术对有较重污染负荷的非传统水源进行处理。同时也可以在绿色建筑中修建人工湖，在雨季，能够起到储存非传统水源的作用，到旱季，就能够抽取人工湖中的水资源补充生活用水。这样既能起到美化绿色建筑的功能，还能为小区内的居民提供生活用水。从很大程度上减少了对传统污水收集、处理、运输的成本投入，减少了污水处理系统和供水系统运行中的能源消耗以及温室气体的排放。另外，非传统水源的自动回收以及生态处理的有效利用，减少了供水企业取水、净化、配送等方面的资源和能源消耗，间接降低了温室气体的排放。

通过了解和分析绿色建筑低碳节水技术在非传统水源中的应用效果，我们应该把非传统水源利用起来，通过科学合理的生态处理，不仅减缓实际生产生活中用水困难的问题，还能实现节能环保、低碳用水的理念。

随着现代化建设进程的不断加快，建筑节能技术应用与建筑的每个环节，绿色建筑成为现代建筑行业发展的目标。在绿色建筑水系统中实现低碳节水技术，不仅减缓全球气候变暖的速度，还能够为社会经济发展提供可持续发展的良好条件。通过了解和分析绿色建筑低碳节水技术措施及实现过程，我们能够清晰地认识到低碳环保在现代社会的重要性，也能够提高水资源使用率，减少资源浪费和能源消耗，进而降低温室气体的排放量。在绿色建筑中，我们不能仅仅局限于传统水源的低碳节约技术应用，更要将这项技术充分应用于非传统水源体系中，从根本上实现低碳环保、节约用水理念，进一步推动低碳技术在不同领域节能技术的应用，降低温室气体的排放量。

第四节　低碳概念下的绿色建筑设计

近年来我国积极响应低碳号召，在建筑工程中，从设计、施工等方面进行低碳控制，低碳绿色已经成为建筑工程中的设计趋势。

一、低碳概念下绿色建筑设计的要求

（一）建筑应用安全材料

对于建筑材料的选择，尽量选取绿色、安全、无污染的材料。混凝土和人造木板分别会产生氡气和甲醛，对人体健康影响很大，并会对环境造成不可逆的影响。在建造过程中使用可再生材料减少对环境的污染，还可避免建材的浪费，减少对环境的二次污染。

（二）建筑应用绿色植被

绿化植被的铺设是绿色建筑低碳概念中不可或缺的一部分，进行绿色建筑低碳设计时，要加强绿化面积的设计，加大绿化植物在环境中的密度，在城市绿色建筑规划设计中，一定要科学地规划交通线路，合理调整城市环境布局，最大限度地加强人工环境与自然环境的有效融合，这样有利于促使建筑环境的可持续发展，进而实现绿色环境下的建筑设计。

（三）建筑应增加可用面积

增加建筑物空间的可使用面积是低碳概念的一部分，建筑物面积的利用率不高是对能源和材料的一种浪费，无形之中增加了建筑物的能源消耗。对建筑物可利用空间的设计，是对低碳概念的实践，不仅节约了建筑成本，还提升了绿色建筑的宜居程度。建筑设计师需要想方设法地提高现代绿色建筑空间的利用率，降低绿色建筑面积的总体需求，合理控制住房面积的标准，将建筑的能耗降至最低，从再生能源利用的角度考虑问题，进行户型设计时充分考虑建筑空间的灵活性和可变性，同时还要考虑建筑使用功能变更的可能性，既有利于延长绿色建筑的使用寿命，又有利于减少建筑垃圾。

二、低碳概念下建筑设计现状

（一）低碳概念认知问题

要想将低碳概念顺利应用到绿色建筑设计活动中，应该对其进行深入分析，从而确保建筑设计质量。部分设计人员对低碳概念的了解较片面，在实际设计过程中容易出现各种问题，无法设计出满足绿色建筑要求的方案，建筑设计中低碳环保理念没有得到充分展现，影响设计效果。

（二）设计实践性问题

在绿色建筑设计中，低碳概念的应用需要将理论和实践充分结合，从而优化设计目标。但是在实际应用过程中，依旧会面临各种问题。部分设计人员比较重视低碳概念的应用，缺少实践分析，导致设计和实践不能有效融合，最终设计效果不理想。部分设计人员自身专业水平有限，缺少对低碳概念及相关理论知识的学习，无法保证设计质量。

（三）设计创新性问题

绿色建筑设计和低碳概念的充分融合，需要从创新角度入手，转变传统建筑设计观念，提升建筑设计质量。然而在实际中，部分设计人员依旧采用传统设计方式，没有做到与时俱进，从而导致低碳概念的应用效率偏低。

三、低碳概念下绿色建筑设计的应对策略

（一）建设节能低碳型系统

低碳设计目标的顺利实现，需要在现代化设备和技术配合下完成：一方面，设计人员应加强基于低碳概念的绿色建筑设计；另一方面，应对现有资源进行优化组合，这是实现低碳设计目标的关键。我国地大物博、区域资源禀赋差异较大，各地域的建筑均不相同，需要设计人员在开展绿色建筑设计过程中，结合各地域实际情况和特点，制定满足该区域要求的设计方案。例如，在北方地区，由于温度比较低，建筑设计需要适当增加总耗能中的采暖能耗比例，在煤炭资源应用过程中，不仅需要保证减排充分，同时还要寻找其他可替代的能源，让节能低碳环保目标得以实现。

（二）使用节能低碳材料

要想使建筑符合低碳要求，在建筑工程设计与建设中，无论是对建筑材料、设备，还是对建筑设计、施工，都要进行严格要求。通常情况下，建筑工程施工会对周围环境造成不良影响，尤其是高层建筑施工。建筑企业应尽量采用低碳型材料，在满足低碳环保要求的同时，实现材料的回收利用。

建筑企业在完成低碳材料的选择后，需要对其充分利用：①需要对室内设计、建筑设计进行统一处理，提升二者之间的协调性，减少不必要的成本投放；②需要将各类型低碳材料应用其中，发挥低碳环保价值，实现资源科学分配，采用不同环保材料，提升材料应用效率；③加强对材料消耗情况的把控，尽量使用可循环利用的低碳材料。针对废弃材料，应重复使用能够循环应用的材料，以满足低碳建筑设计要求。

（三）规划节能低碳空间

把低碳概念作为根本开展绿色建筑设计工作，需要把低碳概念渗透到建筑设计各个环节中，在低碳概念下，建筑不但需要具有完善的使用功能，同时还要让建筑和自然环境充分结合，形成有机整体，真正实现建筑和生态环境和谐发展，让建筑不会对生态环境造成破坏，而是和生态环境相得益彰。此外，在绿色建筑设计过程中，通过合理利用建筑空间，可以让总体建筑物需求得以满足。建筑设计应对建筑面积加以科学把控，以降低建筑资源的消耗。对建筑空间的高效利用，不但可以延长建筑的使用期限，同时也能让建筑产生的垃圾减少。规划节能低碳空间，可以减少能源消耗，实现低碳概念设计。

（四）采取节能低碳技术

绿色建筑设计需要注重施工技术的选择。在低碳概念下，建筑设计要求整体流程管理真正实现低碳环保。通常情况下，节能低碳管理主要指在建设过程中，把低碳概念贯彻到各环节，其中包含低碳绿色管理、安全管理、规划管理及施工管理等。与此同时，需要将绿色环保技术应用到施工中，因施工建设会造成光污染、噪声污染等，会给建筑周围环境带来直接影响。虽能给人们创建良好的居住环境，同时也会给人们身体造成损伤。相关人员应在建筑设计过程中，重视低碳环保，通过覆盖、洒水等方式对扬尘进行处理，将建筑设计和建设带来的影响降至最低，给人们提供良好的居住体验。

（五）加强自然资源利用

基于低碳理念，施工中应将自然资源应用进来，即对后期建筑材料进行合理选择。建筑设计过程中需要综合思考对自然资源的应用，减少成本消耗，降低对周围环境的影响，使建筑能够实现可持续发展。建筑照明设计应在低碳环保理念下，注重对太阳能的采集和应用，尽量减少用电，实现节能环保目标。但仅依赖太阳能是无法满足建筑正常照明要求的，因此，要做到人造光和自然光的充分结合。另外，自然资源在建筑设计中的应用也具体体现在降低用水量上。为保证建筑周围绿化具有充足水源，可通过设计雨水收集系统，将收集的雨水用于绿色植物灌溉，减少对水资源的浪费。

低碳作为绿色建筑设计的重要理念之一，需要将其渗透到建筑施工设计中，只有从低碳环保的角度入手进行设计，才能更好地满足人们的居住要求。在设计阶段，相关部门需要对绿色建筑设计有深入认识，通过建设低碳节能系统，运用各种低碳环保材料，科学规划低碳空间，采用低碳施工技术，把低碳概念落实到绿色建筑中，从而打造符合人们健康需求的建筑，促进我国建筑行业稳定发展。

第五节　绿色建筑设计与低碳社区

低碳社区的建设是一项系统工程，内容涉及绿色生态、低碳经济、可持续发展等多项研究体系，还包括建筑生态设计及建筑节能技术的使用、新能源的综合利用、水资源的综合利用机制等问题。在考虑到绿色生态和低碳经济的同时，也要确保居民生活的宜居性及经济发展的可持续性。

在低碳社区建设中，首先要倡导绿色建筑，引领建筑节能减排。其次是明确在这些绿色建筑之中，我们要如何才能做到有效的节能减排这一绿色措施。

政府职能部门还应提供相应政策服务、生态规划、建筑设计、新能源系统、服务培训等多全方位的服务，切实做好绿色建筑的推广和低碳社区的建设，实现绿色低碳家园。

一、提高规划建设管理水平

完善低碳社区的建设整体实施方案，低碳社区实施中要设立规划建设管理部门，并配备专职规划建设管理人员，杜绝非绿色建筑出现。切实做到每个社区能够有效地进行低碳生活，并且保证每个社区在进行低碳生活的管理之中能够全方位做到。对于居住小区和街道应无私搭乱建现象，没有任何的违反绿色低碳社区这一管理制度的行为以及现象，商业店铺设置符合建设管理要求，交通与停车管理规范等。

低碳社区规划建设工作要结合自身的特点，在规划阶段充分考虑到本区域资源，通过生态节能软件及规划软件对低碳社区进行总体方案规划，从功能规划、道路规划、日照分析、风压分析、新能源规划、水资源规划、垃圾处理规划等多方面解决问题。

二、绿色建筑设计

（一）绿色低碳建筑设计及节能技术应用

绿色建筑设计过程中，采用最新节能技术和材料，达到最佳的节能效果。

（1）建筑围合体应采用具备层次的隔热结构，保温效果好达到节能设计。

（2）节能门窗设计双中空玻璃，即外窗采用双中空玻璃，它保温隔热性能良好，夏季能阻止室外热量进入室内，降低室内温度；冬季能阻止冷空气进入室内，尽量保暖。

（3）遮阳设计中，为低碳社区建筑物安装百叶遮阳帘，夏季能够遮挡阳光，适当降低室内的温度，减少空调的耗能；或通过在外墙种植绿色攀爬植物，为建筑夏季进行遮阳降温，冬季植物枯萎，不影响阳光进入建筑物。

（4）对于太阳房的屋顶采用"中空 + 真空"玻璃，可增加强度和保温隔热性能，设计中考虑在冬季和夏季适当调节，冬季为室内采暖，夏季为室内强制自然通风，降温凉爽。

（二）可再生能源综合应用

可再生能源综合应用是低碳社区设计的重点。是最适合低碳社区使用的能源技术，在提供舒适稳定能源的同时，能够为社会减少大量的碳排放及污染物排放。

（1）太阳能光热系统。太阳能光热系统，可为建筑、居民、太阳能公共浴室等提供热水，还可为北方严寒地区的建筑、温室大棚等供热。

（2）热泵系统。地源 / 水源 / 空气源热泵系统可以为建筑提供采暖及制冷的需要，和常规能源相比可节约能源 70%，非常适合低碳绿色建筑的使用。

（3）生物质系统。生物质直燃发电就是将生物质直接作为燃料进行燃烧，用于发电或者热电联产。它可解决农村秸秆等的处理问题，还可以产生沼气供农户使用，节能经济。

（4）太阳能光伏系统。利用太阳光产生电能并蓄存，为低碳社区提供独立的用电功能系统，相当于一个区域性电站。光伏发电为一次性投资，节能减排。

（5）供水排水及雨水收集利用。独立低碳社区建立水循环利用体系是一种必然，从经济性考虑，节水也是一种切实可行的手段。利用管理节水、微灌节水、集雨节灌等节水设备和节水技术，可以充分合理地调配小城镇农业生活、生产用水。雨水通过屋顶收集到水箱处，经过过滤、消毒就可以直接饮用。生活污水处理后的中水，可用于生活辅助用水，如洗车、园林绿化灌溉等。

（6）垃圾分类系统。以往的垃圾堆放填埋方式，占用上万亩土地；并且虫蝇乱飞、污水四溢、臭气熏天，严重地污染环境。因此，利用垃圾分类方式进行垃圾分类收集可以减少占地、减少环境污染、变废为宝。

三、低碳社区建设

（一）低碳社区建设的基本路径

从能源流动和碳排放产生的全过程考察，能源供应是低碳社区能源消费的输入端和发展的动力。低碳社区系统内部的能源流动、转换包括经济活动和社会生活两个方向。在经济活动中，优化社区布局结构、绿色建筑、中水利用和低碳出行是实现低碳发展的重要途径。在社会生活中，居民的居住方式、出行方式和消费方式对低碳社区的低碳发展也有重要影响。鼓励使用公共交通，提倡消费低碳产品，引导居住公共住宅，推动树立能源节约理念，也是实现低碳城镇的重要举措。

（二）区内产业低碳化

（1）产业结构调整。在产业结构中增加低碳产业比例，逐步减少高碳产业比例，优先发展第三产业，力争在产业升级的同时实现经济增长和碳强度降低的双重目标。

（2）节能技术在产业中的应用。对于低碳社区的基础支撑产业（例如电力、热力供应）、经济支撑产业和具有集聚优势的非传统产业，可以通过节能技术的创新和应用减少产业的电力需求，间接实现碳减排目标。这些产业的低碳化改造将成为低碳社区发展的重要路径。

（3）能源结构的调整。增加新能源和可再生能源在电力结构中的比例，从源头实现碳减排目标。

（三）生活消费低碳化

我国每年有 30% 的碳排放是直接由居民的消费行为产生的。

（1）加强对低碳社区居民的低碳消费观教育。

（2）重新进行低碳发展思想指导下的城镇规划，特别是低碳社区土地利用方式和交通系统的低碳发展。

（3）鼓励绿色建筑发展，加强建筑的节能减排作用。

（4）建立低碳社区碳排放监控体系，通过科学的管理体系手段，实现碳监控体系的并轨。

（5）保护和扩大低碳社区绿化面积，提升绿化覆盖率。

（四）合理布局，提供便捷的公共交通系统

公共交通是低碳社区对外交通、旅游交通的重要方式，提供便捷的公共交通不仅有利于促进低碳社区发展，更是降低能耗、促进绿色交通发展的重要方面。

四、可持续性发展的低碳绿色经济

低碳社区在发展的过程中，不光能够提高居民生活的宜居性、减少大量的碳排放，还能够为低碳社区经济带来持续的增长点。针对各自低碳社区的特点，利用低碳绿色吸引投资及消费、开发低碳绿色社区等方式能够大力推动低碳社区的经济发展。

综上所述，党的十九大报告提道："加快生态文明体制改革，建设美丽中国""推进绿色发展""着力解决突出环境问题"；《中华人民共和国国民经济和社会发展第十三个五年规划纲要》也提出"生态环境质量总体改善；生产方式和生活方式绿色、低碳水平上升；能源资源开发利用效率大幅提高，能源和水资源消耗、建设用地、碳排放总量得到有效控制，主要污染物排放总量大幅减少；主体功能区布局和生态安全屏障基本形成"。因此，低碳的绿色经济对于人们来说，是十分重要的。

第六节 从绿色建筑到低碳生态城

随着全球气候的不断变化，人们对建筑的节能减排功能要求变得更高。城市建设的理念已经逐步地向着绿色低碳的方向发展。本节首先对绿色建筑和低碳生态城的概念进行阐述，同时对绿色建筑的特点及与传统建筑的区别进行分析，从而对低碳生态城的类型进行分析，最后对绿色建筑到低碳生态城建设进行研究。希望通过本节，能够为低碳生态城建设提供一些参考和帮助。

绿色建筑的概念诞生于 20 世纪的西方。随着近些年来经济的高速发展及人们生活水平的提升，人们如今对绿色建筑的要求已经不再局限于节约能源。因为很多具有节约能源功能的建筑实际上还是对人们的健康带来一定的危害。现今人们对绿色建筑的要求包括了安全、绿色健康、节能环保等多个方面。通过循环利用资源，为人们创造出一个健康、安全的生活环境。

一、绿色建筑和低碳生态城的概念阐述

绿色建筑属于近些年来所出现的一种新的建筑类型，具体是指在建筑的生命周期当中，能够对自身及周边的资源环境做到尽可能的保护，包括水、土、能源及建筑材料等等。通过对资源环境的保护来为人们创造出一个健康、舒适、安全的生活地点，使得建筑和自然环境能够达到和谐共生。

绿色建筑的出现是社会发展的必然产物，同时也是实现可持续发展理念的重要途径，其能够充分地体现出一座城市的生态文明情况。首先，绿色建筑本身能够起到资源节约的作用，也就是说，在绿色建筑的生命周期当中，能够对周边的能源、水、土地及其他资源形成有效节约。其次，绿色建筑实际上就是把建筑物与生态系统相互融合，从而形成对资源的合理控制，确保人与自然能够达到平衡。再次，对于自然环境来说，绿色建筑表现得更加友好，对环境所造成的破坏和污染是非常小的。最后，绿色建筑的核心意义在于为人们提供安全健康的生活环境，更加注重人文关怀，并能够保护人群中的弱势群体。

从绿色建筑到低碳生态城建设的过程中，应以科学为基础，把一些能源消耗大、对环境污染较为严重的建筑逐渐进行转型，使之成为节约环保的建筑类型，从而有效提升城市生态系统的稳定性，进而为人们提供更加安全、健康、舒适的生活环境。绿色建筑的发展离不开先进科学技术的应用，通过先进科学技术的应用，使得绿色建筑能够实现消耗低、利用率高及占地面积小的目的。通过对可再生资源的有效利用，来确保建筑与自然生态之间达成和谐共生，从而为人们提供一个更加良好的生活环境。这里所说的低碳生活，是指尽可能地降低煤炭、石油以及有害气体的排放，从而真正地实现可持续发展的理念。所以说，绿色建筑的发展与低碳城市建设的目标实际上是相互一致的。所以应该加速绿色建筑的建设和发展，使得低碳生态城能够为人们提供更加健康安全的生活环境。

二、绿色建筑的特点及其与传统建筑的区别

首先，建筑室内的健康环保是绿色建筑的主要特点，如果把传统建筑改造为绿色建筑，阻碍是比较多的，并且在这个过程中还会出现一定的损失。但是如果跳过改造过程，直接进行绿色建筑的建设，不但会有较高的效率，同时也能够更好地体现出绿色建筑所具备的健康环保节能特点。其次，绿色建筑的价值主要通过风、太阳能等可再生资源来得到体现，在绿色建筑的设计过程中，应以先进的科学技术作为重要的支撑条件，使得绿色建筑自身能够得到有效的能量循环，进而实现节能环保的目的。最后，一直以来，建筑节能都是我国建筑发展的具体要求，同时也是建设节约型社会的重要途径。通过建筑节能，有利于能源安全保障体系的建设，同时也能够有效地推动各项节能技术的应用，从而使建筑节能事

业得到更好的发展。从目前来看，主要进行应用的建筑节能方式包括：对建筑节能行业标准的执行，对节能强制性条文的执行，等等。

在传统建筑的生命周期当中，会产生大量的温室气体和固体垃圾，同时也会消耗掉一定数量的能源。在传统建筑的施工过程中，一些资源会被变为废料。这些因素都会对人们的生活环境造成一定程度的不良影响。绿色建筑的核心意义在于无论是在施工过程中还是人们的居住过程中，都能够做到绿色环保和能源的节约利用。在对绿色建筑的设计过程中，应做到因地制宜，并能够对自然资源进行合理的利用，例如在绿色建筑当中，采光和通风都可以通过建筑自身的设计来完成，从而减少人们对灯光和空调的使用率，进而实现节能的效果。

三、低碳生态城的类型分析

从目前的情况来看，低碳生态城可以分为三种类型，包括技术创新型城市、宜居型城市、演进式城市。其中技术创新型顾名思义是以技术创新为基础，重视人才的学习和交流，通过精确的分工来提升自身的生产力。宜居型城市主要以绿色建筑及交通为主，具有可持续发展的功能和特点，我国陕西汉中的低碳生态城就是非常典型的宜居型城市。演进式城市通过将文化、自然以及城市经济融合在一起形成网络，从而使其具备演进式的特点。因此说，低碳生态城的建设首先应建立一个目标。

四、从绿色建筑到低碳生态城建设的研究

（一）建设思路

首先，需要以可持续发展理念为标准来对低碳生态城进行评估，进而形成相应的指标体系。同时，也要有意识地去激发人们对低碳生态城建设的积极性，具体可以通过举办交流会的形式来加强城市中人们之间的联系。其次，应给予利益相关人员创造合作的平台，无论是低碳生态城市的建设还是绿色建筑的发展，利益相关人员之间的交流和合作都是重要的前提条件，包括设计人员、建筑师及开发商等等。低碳生态城市建设的顺利进行，应以理念上的统一为基础，从而使低碳生态城市的建设质量得以保证。在低碳生态城市的建设过程中，应引导城市居民具备相应的环保理念和意识。低碳生态城市的建设是一个长期的过程，需要结合城市的实际情况来找到最为合理的建设方式。再次，我国在进行低碳生态城市的建设过程中，应注意结合我国自身的特点，不能完全照搬国外的低碳生态城市建设理念，因为我国所具有的很多先天优势是其他国家所没有的，所以应该把建设具有中国特色的低碳生态城市作为目标，从而确立正确的思路。最后，低碳生态城市的建设离不开优秀的设计和高效率的管理，只有保证这两点才能够确保低碳生态城市具备相应的使用价

值及美观度。另外，低碳生态城市的建设应做好试点工作，首先应在具备一定经济能力且拥有可持续发展相关特质的地区来进行试点建设，从而由点到面，逐渐向着其他地区发展。

（二）建设要求

第一，在对城市环境进行改造的过程中，应充分使用可再生能源，并最大化地体现出可再生能源的价值，进而把城市基础设施纳入其中，使得碳排放管理不再出现盲区。另外，也要注意这种理念的长期保持，否则通过这个过程所形成的效益就会在未来一段时间内流失掉。

第二，对城市交通的碳排放进行管理是非常重要的，需要对其进行合理的规划建设，把无碳出行作为城市建设的重要目标，对汽车出行进行合理控制。具体的方法包括：合理设置公共汽车站和地铁站的位置，为人们的出行提供更大的便利条件。同时，对建筑周边的服务设施进行完善，例如医院、超市、体育馆等，从而减少人们出行的次数。

第三，在对建筑进行设计的过程中，应确保在施工的过程中，节能标准能够达到百分之六十五以上，且在其中安装相应的监控设施进行监督管理。

第四，要确保建筑材料具有一定的环保性和节能性，尽可能地选择低碳排放的供暖设施和能源系统。

第五，从人们上下班的角度考虑，应对人们的工作空间和居住空间进行有机整合，从而减少人们上班过程中所造成的空气污染，尽可能地降低人们对汽车的依赖性。

第六，低碳生态城市相比于一般城市需要更大面积的绿化空间，绿化空间面积需要达到总面积的百分之四十，且其中要有百分之二十为高质量管理的公共空间。

第七，在进行低碳生态城市建设的过程中，城市的水资源管理是非常重要的，尤其是一些水资源稀缺的地区，在进行生态城市建设时，应注重提升水资源的利用效率，提升水质。通过对水循环的了解来避免在城市建设过程中对水源质量及地质结构造成负面影响。具体的方法包括：建立具有可持续性的排水系统，确保城市排出的垃圾能够得到回收，在任何一项城市建设活动开展之前都应建立合理的实施方案。在处理垃圾的过程中应采取科学环保的方式，将垃圾转化为其他形式的能源。

总的来说，从绿色建筑到低碳生态城市建设是一个长期的发展过程，不是一朝一夕可以完成的。在低碳生态城市的建设过程中，一定会遇到种种困难，需要我们通过经验的积累去逐渐摸索和解决。全球气候的变暖及生态环境的逐渐恶化为人们的生存带来了挑战，这必将推动城市向着低碳生态化发展。绿色建筑理念的出现，顺应了人们的这种需求，通过资源节约和降低污染来提供给人们一个更加安全、健康、舒适的生存环境，这同时也是为我们的后代提供一个能够真正赖以生存的家园。

第七节 公共机构建筑的绿色低碳装饰核心思路

结合公共机构建筑的建设要求及低碳经济时代的形势变化，注重与之相关的绿色低碳装饰探讨，实施好相应的作业计划，有利于实现对公共机构建筑能耗问题的科学应对，满足其可持续发展要求。因此，在对公共机构建筑方面进行研究时，应关注其绿色低碳装饰，实施好相应的作业计划，确保这类建筑在实践中装饰效果的良好性。

一、建筑装饰材料对人体的危害

（一）无机材料和再生材料的危害

在完成建筑装饰施工计划的过程中，若采用了无机材料和再生材料，则会产生一定的危害。它具体表现为：①部分石材中含有镭，最终会变为氡，会通过墙缝进入建筑室内环境，从而引发空气污染问题，威胁着人体健康；②泡沫石棉是一种常用的建筑装饰材料，具有保温、隔热、吸声及隔震等特性，但由于其原材料为石棉纤维，施工中会飘散到空气中，被吸入人体后会影响人的健康。

（二）合成隔热板

实践中通过对聚苯乙烯泡沫材料、聚氯乙烯泡沫材料等不同材料的配合使用，可为合成隔热板制作及使用提供有效支持，满足建筑装饰施工方面的实际要求。但是，由于这些材料合成中未被聚合的游离单体会在空气中逸散，且在高温条件下会被分解，产生甲醛、甲苯等对室内空气造成污染，致使人体健康受到潜在威胁，影响建筑装饰施工质量。

（三）其他装饰材料的危害

（1）壁纸。由于天然纺织壁纸本质上为一种致敏原，应用中可使人体出现过敏现象，从而提高了建筑装饰问题的发生率。同时，由于某些壁纸应用中会释放甲醛及其他有害气体，加上部分有机污染物未被聚合，应用过程中会被分解，致使人体健康方面受到不同程度的影响，给建筑装饰施工水平提升带来了制约作用。

（2）人造板材及人造板材家具。某些建筑装饰过程中采用了人造板材、人造板家具，它们涂刷的油漆具有挥发性强的特性，会使建筑室内环境产生有毒的化学物质，且在三氯苯酚的作用下，会对空气产生污染，致使建筑装饰水平有所下降。

（3）涂料、黏合剂及吸声材料等。涂料形成中包括溶剂、颜料等，长期使用会产生苯、甲苯等有害物质，污染室内空气，从而对人体健康产生不利影响，难以满足建筑装饰质量可靠性要求。同时，合成的黏合剂包括环氧树脂、聚乙烯醇缩甲醛等，挥发过程中会产生污染物质，会对居住者的呼吸道、皮肤等产生一定的刺激作用，影响建筑实践中的装饰效果。除此之外，由于纤维、胶合板等材料共同作用下制作而成的吸声材料应用中也会产生有害物质，导致室内装饰效果、应用质量等缺乏保障。

二、公共机构建筑的绿色低碳装饰探讨

在了解不同装饰材料的危害的基础上，为了满足低碳经济时代的发展要求，实现现代建筑建设事业的长效发展，需要对绿色低碳装饰加以分析，明确与之相关的要点。具体包括以下几个方面：

（一）注重节能环保型材料的使用

结合公共机构建筑装饰施工要求及其材料功能特性，为了满足绿色低碳装饰要求，则需要给予节能环保型材料使用更多的考虑。在此期间，应做到：①从环保效果显著、能耗降低、适用性良好等方面入手，选择好节能环保型装饰材料并进行高效利用，促使公共机构建筑在装饰施工方面的能耗问题可以得到科学处理，实现这类材料利用价值最大化，从而为公共机构建筑的更好发展打下基础，丰富其在节能环保方面的实践经验；②在节能环保型材料的作用下，可避免装饰施工对公共机构建筑室内环境空气质量、人体健康等产生不利影响，有利于实现绿色低碳装饰施工目标，满足使用者在健康方面的实际需求，确保公共机构建筑应用状况良好。

（二）强化装饰施工中的节能环保意识

施工单位及人员在完成公共机构建筑装饰施工计划的过程中，应根据绿色低碳装饰施工要求及这类建筑的实际情况，不断强化自身的节能环保意识，为公共机构建筑潜在应用价值的提升、能耗问题的高效处理等提供专业保障。这具体表现为：①开展好专业培训活动，并将激励与责任机制实施到位，实现对施工人员综合素质的科学培养，提高他们对建筑绿色低碳装饰施工重要性的正确认识，充分发挥自身的职能作用，促使公共机构建筑装饰过程中的节能环保效果更加显著，从而为其科学应用水平的提升打下基础；②当人员方面的节能环保意识逐渐强化后，可使绿色低碳装饰施工作业开展更具专业性，全面提升公共机构建筑在这方面的专业化施工水平及发展潜力。

（三）其他方面的要点

在对公共机构建筑在绿色低碳装饰施工方面进行探讨时，也需要了解其他方面的相关要点：①加强信息技术的使用，将丰富的信息资源整合应用于公共机构建筑装饰施工能耗计算过程中，在技术层面上为其绿色低碳装饰施工效果的增强提供有效保障，满足室内环境状况的不断改善、装饰施工方式的逐渐优化等方面的要求，最终达到公共机构建筑装饰施工中节能环保特性突出、应用质量提高的目的；②从管控机制完善、管控方式优化等方

面入手，健全建筑绿色装饰施工过程管控体系，处理好其中的细节问题，确保相应的施工计划实施有效性，进而为公共机构建筑的科学发展注入活力，增强其在实践中的应用效果。

综上所述，通过对绿色低碳装饰方面的深入思考，有利于实现公共机构建筑装饰过程中的节能降耗目标，拓宽其科学发展思路，避免对这类建筑应用价值、功能特性等产生不利影响。因此，未来在提升公共机构建筑装饰水平、实现与环境方面协调发展的过程中，应加深对绿色低碳装饰的重视程度，促使公共机构建筑能够处于良好的建设及应用状态。

第二章　建筑设计与环境艺术创新研究

第一节　建筑设计与环境艺术设计的融合

随着社会经济的深入发展以及人民群众生活水平的提升，人们对艺术的关注程度也越来越高，将建筑设计和环境艺术设计有机结合，能够更好地满足社会大众对建筑的审美需求，采用多元化的设计语言，设计出更加优秀的建筑作品，在建筑设计和环境艺术设计之间找到平衡点。

建筑和艺术之间往往有着非常密切的关系，建筑自身也是一种独特的艺术，将建筑设计和环境艺术设计进行融合，能够更好地满足社会发展的需求，在当前社会阶段，生态环境逐渐引起了人们的重视，环境艺术设计也是生态建设的内在要求，因此将建筑设计和环境艺术设计有机融合，具有现实指导意义。

一、建筑设计和环境艺术设计概述

建筑设计的概念经过长时间的发展也具有了全新的内容，发展方向也更加明确。传统的建筑设计指的是单纯的建筑施工，设计工作者和现场施工人员并没有本质的区别，在开展设计工作时，需要结合建筑使用者的需求，同时在这过程中融入自己的创意，这种设计方式在社会中被广泛使用。从建筑自身来说，也是一种艺术表现形式。现阶段，建筑设计被赋予更加丰富的内容，设计工作者在设计过程中既需要满足业主的需求，同时还需要考虑建筑的施工成本，将自己的设计想法融入设计方案，结合多种因素才能设计出更优化的方案。设计方案对于建筑施工来说非常关键，因此设计人员需要在设计方案中重点标注相关施工问题以及注意事项等。随着社会经济的不断发展，建筑单体设计和生态环境之间的问题逐渐引起了人们的重视和关注，生态环境建设以及房屋建设的主体都是我们人类，因此我们需要在建筑设计过程中加强对生态环境的关注，从而更好地满足人们的使用需求，也就是说，建筑设计可以有效解决人们对室内环境的需求，环境艺术设计能够有效地满足人们对室外环境的需要。

二、建筑设计与环境艺术设计的融合路径

（一）创新设计理念

要想建筑设计和环境艺术设计更好地实现融合，需要对设计理念展开创新，这个过程具有一定的复杂性，全新的设计理念从提出到实践需要经过很多程序的检验，才能保障设计理念的科学性以及可实施性，在实际的施工环节才不会出现质量问题和意外情况，对于建筑设计理念来说，一旦确立使用，在后期就会很难对其进行修改，因为中间涉及的流程太多，这也就是使得设计理念在设计之初就要具备一定的可实施性，同时还需要设计人员研究制定出多个设计方案，经过反复比对，挑选其中最合适的设计方案，将其应用到建筑施工领域，同时还需要足够的时间才能对设计方案的可行性进行验证，如果取得理想的应用效果，则说明设计方案能够进行大规模的使用。建筑设计工作者对建筑设计方案有着至关重要的作用，因此设计工作者除了需要具备基本的职业素养，还需要具有良好的艺术素养，只有满足这两个条件，在设计过程中才能创造出优秀的作品。

（二）对评审制度进行完善

要想建筑设计与环境艺术设计实现更好地融合，需要对建筑设计的评审制度进行完善。在建筑设计过程中，评审工作人员需要结合相关法律规范对设计工作者展开针对性的指导，同时还需要将环境艺术理念融入其中，对设计人员的设计方案展开研究分析，对其中存在的不足之处需要进行重点标注以及细致的讲述，通过这种方式，使得设计工作者在设计过程中更加重视环境艺术设计，知道环境艺术设计对建筑设计的重要性。同时评审工作人员还需要了解建筑物的实际情况，做好相关的部署工作，使得设计方案能够满足业主的使用需求，同时也符合我国的相关法律规定。只有基于这个设计原则，评审制度才能更好地发挥自身的作用和价值，利用评审制度保障建筑设计的质量，同时也促进我国建筑工程的健康发展。将建筑设计和环境艺术设计有机地结合在一起，才能实现城市的可持续发展。

（三）提升文化资源的整合水平

在建筑设计领域要想实现建筑设计和环境艺术设计有机融合，需要对文化资源的整合水平进行提升。在开展环境艺术设计过程中需要结合一定的人文文化，更加需要重视对文化资源的整理工作和收集工作，这就对环境艺术设计工作人员提出了更高的要求，需要他们提升自身的资源整合水平。在环境艺术设计过程中，设计工作者需要根据设计对象研究出科学的设计方案，同时需要对设计方案展开全面的分析和研究，掌握环境艺术设计的方法，还需要对人文素材内容予以明确，将素材类型进行准确的划分，并结合建筑的实际情况对人文素材进行整理分析，形成系统的地区文化发展设计思路，对其中关键的节点需要进行重点标注，筛选出其中有用的信息作为设计素材，对设计方案内容进行完善和优化。

在素材收集过程中，需要深入挖掘地区历史文化，在保护的基础上进行开发，促使环境艺术设计能够作为新时期文化传承的重要载体，同时采取多种措施保护好这些人文文化。譬如在开展环境艺术设计时，设计工作者需要在文化保护的基础上开展设计活动，对区域的人文文化进行形式和内容上的创新，将其应用在建筑设计之中，同时设计人员也需要对思维方式进行创新，使得思维方式更加灵活、更加多元化，借助区域文化符号理解出背后的文化内涵，同时对这种文化内涵展开深入的挖掘，使得区域文化和我国的传统文化有机地结合起来，形成全新的文化脉络，根据环境艺术设计相关需求，对这种脉络结构展开研究分析，将其中不符合发展要求的部分予以剔除，从而使得环境艺术设计素材能够更好地满足社会大众的审美需求，也使得环境艺术设计和建筑设计具有更高的价值。

环境艺术设计和建筑设计是相互影响又相互融合的整体，二者之间的协调发展对我国的城市建设具有非常关键的意义，因此需要对环境艺术设计的理念展开创新，对建筑设计评审制度进行完善，才能保障建筑的质量，实现城市的可持续发展。

第二节　建筑设计与环境艺术设计的关系

随着社会的不断发展以及对艺术的不断追求，建筑设计被赋予了新的历史任务。环境问题变成了世界的中心话题，环境的主体是人，于是人与环境又变成了建筑创作的关键因素。所以，加强建筑设计和环境艺术设计的关系的研究将是特别重要的。本节对建筑设计和环境艺术设计的关系进行具体的分析，具有一定的参考意义，以供广大同人交流讨论。

一、建筑设计与环境艺术设计概述

（一）建筑设计

从宏观方面来看，建筑构造是一个人和自然交互的结果，而建筑设计就是满足人对自然的需求，又最大限度减小对环境影响的过程。在这个设计阶段中的原动力是人的需求，促进设计活动的实施，也决定了设计活动的主基调。从人的方面来看，建筑是自然的一种粉饰方式，设计只有具备某种足够打动人的风格才可以得到人类的青睐，所以，在规划上要有互相协调、互相妥协的过程。而且，建筑渐渐被认为是一连串互相联系的空间。

（二）环境艺术设计

随着人们生活水平的改善，环境艺术设计变成了人们追求的目标。环境艺术设计综合性非常强，环境艺术的空间规划与艺术结构是综合的计划。当中包含了环境和设施的计划、造型和结构的计划、空间和装饰的计划与应用作用和审美作用的计划等，它的表现方式也各不一样。环境艺术相对于建筑艺术而言，规划得更为普遍，它赋予环境一种特殊的感情，使其为人们服务。人和自然是互相辉映的，环境由于人的存在而朝气蓬勃，人依附于环境，如果没有环境，人不能正常生存，所以，人和环境的关系要维护好。衡量一座建筑的规范不但要看其是不是具备优美的外形，还需要看其是不是具有配套设施与环保的作用。在城市的基础设施中绿地占有至关重要的位置，对净化空气有着非常关键的作用，唯有搞好绿化才可以更好地确保人们的生活环境。环境艺术设计是新名词，"二战"以后在西方国家渐渐被关注，是在 20 世纪工业和商品经济高度腾飞基础之上发展起来的，是经济、科学、艺术三者结合的产物。环境艺术设计能够把审美功能和实用功能相统一，最好的表现就是在建筑设计中。

二、基于环境保护理念的建筑设计的宏观思路

（一）基于保护自然与运用自然的建筑设计策略

建筑的设计是在小环境中实施的，尽管建筑的美感能够对四周的环境形成一定的推动作用，然而假如在建筑设计的时候没有本着保护自然的原则，也许会发生整个自然环境恶化的情况。所以，在建筑的施工中，要以保护生态体系与保护环境为基本原则，实施建筑项目的设计中需要使用节能环保的材料，尽量防止有害的物质进入四周的环境中。要把保护自然与运用自然的设计理念运用到建筑设计中。

（二）基于运用可再生资源的建筑设计策略

建筑的设计实际上也是对四周的物质与资源实施整合与运用，同时自然物质的关键特征就是存在着必然的循环性。建筑自身就是集能源、材料和环境于一身，所以建筑材料也要具备循环利用的特征。所以，建筑的设计师要依据本身的设计经验和灵感把建筑与材料有机结合，最大限度地对自然界中的可再生资源实施运用，然后完成建筑设计生态的可持续发展。

三、建筑设计及环境艺术设计的关系

当代社会的快速发展对建筑设计提出了更高的要求，就是只有与环境艺术设计实施互相融合，才能满足人们对各种建筑的实用与审美要求。随着经济与科技的发展，环境艺术设计一定要以其本身独有的特征对人们有关于建筑的审美观念形成影响。具体而言就是，在建筑设计中生态环境艺术的充分表现，而在建筑设计的时候，除了需要建筑物自身要服务设计规范与人们感官需求外，与其有关的配套设施也是建筑物所处地域生态环境的重要指标。城市绿地体系是在城市中唯一具备生命特点的基础设施，其不但可以推动城市生态平衡，并且对改善城市面貌、绿化城区环境也具备关键的作用。

生态地理环境是由生物群落和其有关的无机环境一起组成的功能体系。在特定的生态系统演变过程中，当其发展到必然稳定阶段时，从而保持生态环境的稳定与平衡。是创造生态环境的一个不可或缺的依托条件。在生态危机越来越严重的今天，作为走在社会前沿的建筑业，对生态环境的创造更是有着无法忽视作用。城市是人类文明发展的关键标志，而建筑是一个城市的灵魂，一个有着高贵灵魂的城市，一定有高贵的建筑。在建筑设计中，其实建筑不单单是环境的一个部分，建筑美从整体上而言是服从于四周环境的。"建筑"作为稳定的无法移动的详细形象，总是要通过四周环境合理而和谐的布局才可以得到完美的造型表现。绿色植物的季节性改变与易修剪的特征让其在营造建筑外部空间环境中变成不可或缺的要素之一。

另外，由建筑设计的概念可知，其设计一般要思考到四周环境与建筑用地的整体布局，所以，在保证其整体作用价值得以完成的基础上，建筑设计也一定会让城市绿地系统和生态环境系统这两部分环境艺术的组成部分获得进一步完善。比如，通过增强对建筑供水体系的设计，让建筑用地的绿化带可以得到充足的水资源，推动绿地系统的生态循环，而通过合理的选择人工肥料并将其运用到城市建筑的地理环境中，又能推动建筑设计四周地域尽快完成生态平衡，达到环境审美艺术设计的相关要求。

随着人们生活水平的改善，人们的追求也有所改变，以前更多地追求温饱，当前则更多地追求品质，生活水平愈高，追求的层次也愈高。对于建筑而言也是这样，以前是"追求房子有顶"，当前"追求楼前屋后有景"。因此在这一要求基础以上，设计师在设计建筑的同时把艺术也融入进去，这让中国建筑水平持续提高。随着可持续发展观的提出，在建筑设计当中会更深层次地表现环境艺术设计，对中国的环保建筑的发展起到比较大的促进作用。要坚持可持续发展，做到人和自然和谐相处。在建筑设计中，科学地规划选址、高效地利用资源、环境，满足人类的生活精神需要是建筑设计和环境艺术设计融合的本质表现。

第三节 建筑设计和环境艺术设计

建筑设计是一项综合能力要求很高的专业技术，需要经过长期的专业知识学习、实践、资料和经验的积累才能达到一定的水准。近年来，设计师更加注重将环境艺术的相关因素融入建筑设计中，使得建筑更具特色。这二者之间的关系一直是人们关注的重点，因此主要对建筑设计与环境艺术设计之间的关系深入探讨，希望能够给相关的设计工作人员提供方法借鉴。

建筑设计与环境艺术设计工作对设计人员的立体思维和空间想象能力有着较高的要求，但是，很多设计从业人员在学习建筑设计专业期间没有对上述两方面能力的重视，在实际的工作当中存在着明显的设计思维能力和空间想象能力薄弱的现象。现如今，人们对建筑工程的质量要求相对较高，而建筑设计是建筑工程的重点，也是重要的环节。为了促进建筑的美观性，在其中添加了艺术的诸多成分。尤其是环境艺术设计技术的添加，使得建筑设计更具有时代意义。

一、建筑设计

所谓的建筑设计就是对建筑进行规划，达到一定的美观效果，同时也最大限度地实现其使用价值。另外在进行外部设计的时候要充分体现出周围的环境特点，并且和城市的特点相符合。人与环境之间的相互作用就是建筑设计，只有在设计的过程中充分考虑到人和自然的关系，才能体现出建筑设计的最终意义。在传统的意义上，建筑属于空间的范畴，也有学者曾提出这样的观点：中国的建筑是在平面上展开的。可见，建筑设计包含的内容较广，建筑设计的深度也相对较大。

二、环境设计

现如今，由于生态环境恶化现象日趋严重，在建筑设计中也会融入一些生态环境艺术。建筑的美除了包含建筑本身的设计之美，还包含其基本的设施。对于建筑来说，城市的绿地设施可以在改善城市面貌的基础上，保持整个城市的生态平衡。在城市的发展中占据着重要的作用。只有加强对生态环境建设的重视，才能为人们创造舒适、健康的生活环境。因此，建筑设计者应该从生态环境方面入手，将生态环境艺术和建筑设计相融合。

三、建筑设计与环境艺术的关系

对于建筑设计和环境艺术来说，二者之间存在着一定的联系性。如果一个地区具有独特的景观建筑，那么这个建筑自身的设计和周围的环境必然是重要的影响因素。由于不同地区的人们对自然环境的适应性存在着严重的差别，对建筑设计的要求也有明显的不同，这就导致了建筑设计以及环境艺术的多样性。建筑和环境的有机结合，不仅是建筑设计也是环境艺术所追求的最高境界，同时也反映出任何自然的和谐性。最重要的是由于建筑设计和环境艺术之间的关系，造就了不同的地方特色景观，这也是一笔较为宝贵的财富。

建筑设计和环境艺术之间的关系为现如今社会信息共享增添了一定的特色，人们的审美取向也呈现出多样性，减少了建筑风格同化的问题。这种不同的建筑景观和人文景观也增加了城市的美感。同样，这种特点也是一个城市或者是一个地区的明显标志。

建筑结构能够更好地体现出一个城市的特点，同时也是城市最重要的组成部分。将建筑和绿色的环境结合，也造就了城市与众不同的景观效果。这就是一个城市的艺术形象。

而且，建筑设计和环境艺术设计可以分别从不同的学科来进行分析，存在着不同角度的美感。从美学角度来讲，建筑的艺术性，应该立足于周围的环境，并与周围的环境进行整体上的融合，才能体现出建筑设计和环境艺术设计的完美融合，进而恰到好处地表现出城市规划的和谐布局。绿色植物的季节性变化和易修剪的特点使其在营造建筑外部空间环境中成为必不可少的要素之一。从城市区域规划出发设想建筑与大环境的结合：建筑的整体轮廓上，与周围的现有建筑呼应，立面上虚实对比、色彩处理与环境格调相协调；流线上，符合环境的肌理。从人的感觉出发想象建筑局部小环境的处理：通过人的生理和心里的感受塑造空间，环境是指与人类密切相关的、影响人类生活和生产活动的各种自然力量或作用的总和。环境问题是一个复合而复杂的问题，环境问题的可变性也就决定了"环境问题实质是发展问题"，马克思主义认为自然界人的存在和生命的延续都依赖于自然界所馈赠的给养。

四、现代环境艺术设计的改善措施

现代环境设计不仅体现了一个国家或者城市的经济发展水平，也体现了文化的内涵和审美意蕴，甚至还体现了生态意识。随着时代的进步和发展，现代环境设计出现的问题更需要我们及时解决，以实现现代环境设计的科学、可持续发展。

（一）树立整体与和谐的设计原则

现代环境艺术设计是一项复杂的工作，各因素之间不是相互独立的而是相互影响的，环境艺术设计不仅要适应所在的自然环境、社会环境，还要适应社会发展的要求以及审美发展的要求，因此在设计中需要有一个整体的思路，保证设计的整体性，以局部的优化实现效益最大化。

在对设计有了整体性的规划后，就要努力实现人与自然的和谐与协调。我们要树立正确的生态观念，珍惜自然资源，并树立充分发挥自然资源价值的意识。另外，还要树立可持续发展观，尽量使用绿色资源、绿色原料，并充分利用高科技实现资源的利用率最大化。

（二）将民族元素与时代特征相结合

在环境艺术设计的构思过程中，要对国内、国外的优秀作品和创作思路理智科学地对待，对优秀的作品要取其精华，学习其中的创新点和新颖思路，结合实际、兼收并蓄、为我所用。

对于我国优秀的民族元素，要结合时代元素，创新并传承。环境艺术设计含有文化的性质，遵循着文化发展的规律。在文化发展的历程中，民族文化、传统文化与现代文化之间离不开继承和发展。现代文明必然会受到民族文化和传统文化的影响，而现代文明来源于对民族文化、传统文化的扬弃和传承，二者相互借鉴、相互融合从而使得现代文化更加适应社会的发展。只有将优秀的传统文化和民族文化与时代元素结合起来，立足于我国的实际，才能够创造出符合本国文化需求的作品，才能够使作品有更长久的生命力和竞争力。

五、设计要注重多元化

当下，社会的发展越来越趋于多元化，这使得环境艺术设计衍生了许多不同流派，这些流派的发展，体现了环境艺术设计的发展形势，更引领了环境艺术设计的未来发展趋势。目前环境艺术设计之中是以技术流、结构流、生态建筑流等为主要派系的。在社会经济与文化快速发展的推动下，人们对环境艺术有了较高的要求，要求其要更具多元化，而作为环境艺术设计的工作者，在设计的时候一定要把握好设计的多元化，要注重不同的文化、自然、思想元素科学合理的融合，以使人们多种需求得到更好的满足。

随着时代的发展，人们的生活水平显著提高，从而对住房水平的要求也逐渐提高，这种情况下促使了我国的建筑行业加快发展。随着可持续发展的理念深入人心，环境艺术设计的理念必将更深层次地融入建筑设计中，为我国的绿色建筑事业迈向新台阶起到巨大的推动作用。在城市的规划建设过程中，应该坚定不移地走可持续发展道路，充分展现出人与自然的和谐发展。在建筑设计中，合理地规划选址、高效地利用资源、环境和功能，满足人类的生活精神需要是建筑设计与环境艺术设计融合的本质体现。

第四节 建筑环境艺术设计中的情感意义

建筑设计者在完成建筑设计时，不仅要追求建筑在实用层面的价值，同时还要用自己的审美意识与文化思想来影响建筑，设计对象也不仅仅是建筑本体，同时还包括建筑的内外环境。使用艺术手法完成对建筑环境的有效设计时，应注重设计行为背后的情感意义。本节针对建筑环境设计中对情感的需求，探讨可被运用到建筑环境中的情感语言，完善建筑环境形象，凸显设计中的情感意义。

建筑所形成的环境给人们提供了主要活动场所，塑造这种环境时，需要将物质形态与精神形态充分结合，环境中所展现的场所精神会使人们形成对建筑环境的感受，促进交流，也为人们的和谐相处创造稳定的条件。

一、针对建筑环境展开的艺术设计的主要情感表达方式

设计者可依照环境情感表达诉求与设计需要，通过各种具体的设计方法来表达情感，凸显情感意义。

（一）选择符号

在建筑环境中表现情感时，可选择符号，如文化符号等，通过抽象化的符号来给人形成更为广阔自由的想象空间，同时也能够直接地展示出一些属于设计者的情感，进而给处于建筑环境中的人形成情感方面的影响。通过运用人们熟悉的文化符号，来唤醒人们对建筑环境的认同感与归属感，同时对基本设计思想与设计主题加以突出。以艺术化的方式在建筑环境中使用符号，对文化氛围进行烘托，不仅使环境富有感性元素，同时也营造出文化氛围。在使用符号时，需规避布局重复的问题，保持符号的多样化。

（二）选用基础设施

虽然被引进到建筑环境中的基础设施更多具有实用意义，但是其与环境情感表达也存有联系，基础设施可看作人们进行精神活动与生理活动的基本载体之一，设计者不只要通过视觉感受来突出情感表达效果，也可考察人们存在的其他感官需求，通过基础设施使人们获取情感层面的享受，选择基础设施时，充分考虑人们在生活与精神两个方面存在的需求，给人们提供休闲娱乐的空间，保障建筑环境中的人的生活质量。通过完备合理的基础设施为环境情感表达创造条件，使人们能够对建筑环境有更多积极的情感反馈。

（三）应用线条

线条属于建筑环境设计中的基本元素之一，通过线条也可对差异化的情感加以表达，正确恰当地运用线条能够使设计出的建筑环境更具灵活性与优美感。通过线条元素的具体曲折程度，使人们在情感方面形成变动，尝试利用线条来使人们在建筑环境中产生更多的正面情感，甚至可以通过线条形成对人的激励作用，方向为向上或者向前的线条具备这种激励的效果；与之相反的向下或者向后的线条则更多地带来消极情绪，由此可知线条这一常见设计元素所具有的情感意义。设计者还可尝试形成多样化的线条组合方式，丰富环境表达效果，一方面呈现出艺术化情感，另一方面还能对环境的趣味性进行增强。

（四）选择图像与搭配色彩

图像的运用也是建筑环境艺术情感表达的重点设计内容，能够将建筑环境情感直接表达出来，让人们更加直接地融入建筑环境当中。合理运用图像，可以让建筑设计主题直接体现出来，让建筑环境拥有更加深厚的文化意蕴，能够培养人们的生活品位，提高生活质量。在使用图像进行建筑环境艺术设计的过程中，应该结合结构元素和色彩元素加以充分考虑，从而让图像能够和建筑环境保持协调状态，展现出建筑环境的协调性和统一性。

色彩的科学搭配能够直接体现出建筑环境的情感，从而给人们带来一种视觉性的冲击。为此在建筑环境设计过程中可以从视觉方面入手，保证人们的情感体验。建筑环境和人们的生活想象、生活经验、实践活动以及知觉和物质形态之间具有密切的联系。建筑环境中的色彩设计也是评价建筑环境的艺术设计质量的关键要素，由此能够看出色彩搭配对建筑环境艺术的重要性。建筑环境中的色彩设计主要包括两部分内容，分别是建筑环境的内部色彩和外部色彩。建筑环境内部的色彩设计工作主要由住户来进行，能够体现出建筑环境中的家庭情感，而外部环境色彩则能够凸显一个建筑环境的艺术设计情感。为此在进行建筑环境外部色彩设计时，应该结合人们的心理需求，利用各种现代技术，根据相应的美学原理合理搭配色彩。建筑的屋顶、台阶、门墙等位置也需要合理进行色彩搭配，从而保证建筑环境色彩设计的一致性。

二、建筑环境中的审美想象与情感意义

建筑环境艺术使人产生的情感体验与想象是以感染力较强的实体作品与自然事物为基础的，人所具有的各项心理功能都形成活跃状态后，再去观看设计作品与自然环境，才会激发想象活动，同时人形成的情感、心境与观赏物在某一方面形成一致的节奏，想象活动才会产生。以我国过去的建筑为例，其厅堂部分采用规整的轴对称设计方式，其独有的造型、色彩与序列关系会使观赏者产生肃穆庄严的感受。当看到皇宫建筑中的太师椅与环境中的黄色元素之后，大部分人都会直接联想到皇权；看到挂在长廊上的红色灯笼，就感受到节日所带来的喜庆气氛，这些元素都可以看作情感元素，所使用的方法也属于情感表达。国画中运用的虚实结合与留白等手法也可应用到建筑中，通过极简的表达方式来给人们创设想象联想的空间，统一实用化与艺术化设计效果。借助空间构成元素来组设出语言环境，对独特的情调与意境进行表达，借助联想等行为来间接地展示出建筑的内涵，呈现建筑环境具有的艺术魅力，使人们在精神与情感方面得到享受。

设计者通过建筑作品以及建筑环境来表达情感，其本身需要领会人类可能出现的各种情感，同时也要掌握相应的情感变化条件，提炼出其中的规律，在塑造建筑环境与形象时使用更丰富的艺术方法。为了突出建筑环境情感意义的深度，应赋予建筑表现的性质，通过具体的艺术表现来调动人们的情绪，而后再形成更为持久的情感。总之设计者还需要有更多的设计实践作为支持，以此来打造出更富情感的建筑环境。

第五节　建筑设计艺术中的线条韵律与环境艺术

随着我国经济的快速发展，人们的生活质量得到了显著的改善，相应的需求也有所增加，为了更好地满足人们的需求，近几年，各类工程都在积极地进行建设，而建筑工程就是其中比较常见的工程项目类型。随着建筑工程建设规模的不断扩大，人们也越来越重视建筑艺术表现手法的运用，而这就不得不提到线条这一重要的表现形式，通过掌握线条韵律和环境艺术之间的关系，合理地加以运用，往往能够彰显出不同的艺术效果，体现现代建筑的特色。

在如今现代建筑设计的过程中，往往要求设计人员能够掌握重要的表现手法，尤其要重视线条韵律和环境艺术之间的融合应用，以彰显建筑设计艺术的魅力。为此，在实际进行建筑设计的过程中，就需要设计师能够提高这方面的认识，并且加强对线条韵律以及环境艺术的理解，掌握二者的内在联系，结合实际情况进行利用，以充分彰显建筑物的审美价值，使得线条韵律美得以体现，同时还能营造出良好的环境艺术氛围，促进现代建筑事业的良好发展。

一、线条韵律的艺术表现

建筑设计艺术中，线条及其之间的相互结合会使建筑设计艺术有不同的表达效果。在一定程度上来说，线条决定着建筑设计结构的艺术风格，这就使得建筑在不同的环境中有着不同的艺术形式。比如说，希腊的建筑多用直线，尤其是建筑中垂直而上的柱子显得分外鲜明；欧洲罗马式建筑则更倾向于使用弧线来表现建筑柔美的一面；哥特式建筑则更加细腻地处理由不同斜线组合而成的尖角。任何一种线条，它在不同的建筑中的运用方式都是不同的，它所呈现的建筑艺术效果也是不一样的，所以从某种意义上来讲，这都展现着艺术美和风格美。中国的古代建筑从线条韵律上看，融合了方与圆两种线条艺术——飞檐翘角的曲线屋顶表现的是如羽翼般的潇洒飘举，横向展开的四合院方正规矩又象征着平和安宁。线条的运用有着悠久的历史，是人类最早运用以表达文明和艺术的方式。线条在运用过程中充分地展现了民族特有的文化和情感。不同的民族对线条的结合手法和展现方式也是不同的，长此以往，就形成了多元的文化结构和艺术形式。

不可否认的是，线条韵律已经成为建筑设计时的重要手段，通过合理的运用线条韵律，能够更好地彰显建筑设计艺术。设计师们往往能够通过线条来设计与表达，这些交错的线条可以构成立体的空间，同时也能形成独树一帜的艺术形式。就建筑的艺术表现的形式而言，与地域文化有着很大的关系，事实上，不同的地域之间，其建筑线条韵律也有着明显的区别，无论是直线还是曲线，在不同的审美文化下，呈现的建筑艺术美感也有所不同，这都是历史的沉淀作用。就线条韵律本身而言，直线与曲线是重要的表达方式，一般而言，直线会给人以单纯、挺拔之感，表达出庄严肃穆的建筑氛围，而曲线则给人以柔美之感。就其具体艺术表现而言，主要体现在以下两点：

（一）垂直线条和韵律的关系

垂直线条与韵律之间的关系是不容忽视的，垂直线条就是一种具体的线条韵律表现方式，通过加强垂直线条的运用，往往能够给人以希望、高洁之感，同时还能表达出进取、庄重的效果。而如果这些垂直的线条指向高处，还会表达出强烈的超越感，这都是建筑线条韵律上的艺术表达，主要以垂直线条这种具体表达形式体现出来，往往能够取得良好的线条韵律艺术表达效果。在如今的很多现代建筑设计中，都会考虑加以利用，如泰州文化中心的酒店设计，就加强了这方面的考量，已经成了当地的标志性建筑。

（二）水平线条和韵律的关系

水平线条与韵律之间也有着紧密的联系，在如今建筑设计的过程中，也是着重考量的方面。就水平线条而言，与垂直的线条不同，通常会给人以平和的感觉，从而让人心生安定、松缓之感。而在现代建筑设计的过程中，也会考虑到这一点，而且往往强调直线与大地之间的紧密联系，通过加强水平线条的运用，能够更好地给人以宁静惬意的感觉，在近代建筑设计过程中，常常有其强烈的体现，能够更好地彰显建筑物的功能。

二、建筑设计艺术中线条韵律与环境艺术的关系

在建筑设计艺术的表现手法中，线条韵律是重要的元素之一，而为了取得良好的建筑设计艺术效果，往往要求有关人员能够明确建筑设计艺术线条韵律与环境艺术之间的关系。尤其针对建筑设计者而言，更应该掌握线条这种特殊语言及艺术表现形式，通过合理的加强线条韵律的运用，以充分地表达出建筑所蕴含的丰富感情，同时也有助于创造出独特的艺术环境。事实上，在线条韵律所构成的环境之中，建筑与环境也有着相互依托的关系，只有将线条韵律与环境艺术做到真正的融合，才能更好地创造出人们满足的居住以及工作环境，从而促进社会的和谐发展。而就线条韵律与环境之间的具体关系而言，首先应该基于统筹的理念之上，因为脱离环境的建筑线条是不成型的，而没有线条映衬的环境也是不具有艺术美感的。为此，在实际设计的过程中，对于一些固定的线条韵律就要加以重视，并且要综合考虑各种因素的影响，使建筑风格与这些艺术表现手段能够融为一体，使线条韵律与环境艺术之间的关系更为紧密。

（一）线条韵律对环境艺术氛围的营造

实际上，线条韵律与环境艺术的关系是极为紧密的，二者不能单独脱离而存在，就线条及环境而言，都是建筑艺术形式的重要组成部分，通过加强线条韵律与环境艺术的有效融合，能够更好地表达出丰富的艺术内涵与文化内涵。就建筑设计艺术中的线条韵律而言，不仅仅是一种艺术表现手段，更能深刻地表达出民族文化气息。而这与特有环境的结合具有极大的关联，所以，线条艺术与环境之间是相互依存的关系，二者的有效融合极为关键。通过二者的有效融合，线条韵律能够更好地营造环境艺术氛围，基于整体构建理念的影响，线条是建筑艺术中的表现形式，而建筑物又依附于环境之中的，所以，在进行线条韵律设计的过程中，往往不能脱离环境而单独存在。另外，对于设计者而言，在实际设计的过程中，还需要根据环境的特征来考量整体建筑风格，然后利用线条进行设计，对于建筑整体风格以及艺术表现都能进行整体的勾画，表达出设计者的思想情感。虽然有些线条设计看

似简单，但是这都是建筑艺术表现的基础，而加强线条方面的设计，能够更好地营造环境艺术氛围，使建筑设计艺术美感得以体现。

（二）线条韵律在环境艺术中的解读

在建筑艺术风格的设计过程中，线条韵律能够通过独特的艺术表现手法来彰显美学艺术价值，而环境艺术则为其提供了有利的条件，无论是哪种艺术形式，都与民族特色有着极为紧密的联系，通过时间的积累、艺术形式的创新，诞生了各种各样的艺术手法。线条韵律也是在这种大环境背景下诞生的，而且在实际运用的过程中，也只有将其融入所在的整体环境中，才能真正地发挥出它的作用，进而充分表达建筑设计艺术风格特点，彰显其中蕴含的文化气息。

实际上，就环境本身而言，它具有文化属性以及艺术特征，无论是自然环境，还是建筑环境，都需要实践的沉积与磨砺，尤其建筑环境本身往往都蕴含着历史、文化及艺术气息，同时也是地域在特定时间内文化以及艺术高度概括的表现。而建筑设计中的线条韵律就是主要的映射元素，在这种艺术环境氛围下，造就了这种线条韵律，同时线条韵律也为建筑艺术环境增添了表现力。可以说，二者是相辅相成的。而且这一点不仅仅体现在中国建筑中，在全世界的民族建筑中都有所体现，在未来城市的建筑设计过程中，设计师们也要加强这方面的解读。

随着时代的不断向前发展，人们的思想认识也有所提高，近几年，一些经营管理者，越加重视设计，在如今的建筑建设过程中，也需要有关单位能够做好建筑物的设计工作，充分体现建筑物设计的艺术性，彰显建筑物的审美价值。而如何做好建筑的设计工作就显得极为关键，这就不得不提到线条韵律元素的应用，通过加强这种表现手段的应用，能够使建筑更好地与周围的环境融为一体，从而体现自身艺术价值，也将极大地推动我国建筑设计艺术的发展。

第三章　绿色建筑的设计

第一节　绿色建筑设计理念

随着时代和科学技术的迅猛发展，全球广泛地践行低碳环保理念，其目的是共同维护生态环境。我国自党的十八届五中全会就已将绿色发展的理念提升到政治高度，为我国建筑设计市场指引着发展的方向。建筑行业作为国民经济的重要支柱产业，将绿色理念融入建筑设计中能够从根本上影响人们的生活方式，进而达到人与自然环境和谐相处。综上可知，在建筑设计中运用绿色建筑设计理念具有非常重要的意义。本节主要对建筑设计中绿色建筑设计理念的运用进行分析，阐述绿色建筑在实际设计中的具体应用。

绿色建筑设计是针对当今环境形势，所倡导的一种新型的设计理念，提倡可持续发展和节能环保，以达到保护环境和节约资源的目的，更是当今建筑行业发展的重要趋势。在建筑设计中建筑师需结合人们对环境质量的需求，考虑建筑的全生命周期设计，从而实现人文、建筑以及科学技术的和谐统一发展。

一、绿色建筑设计理念

绿色建筑设计理念的兴起源于人们环保意识的不断增强，绿色建筑设计理念的运用主要体现在以下三个方面：

①建筑材料的选择。相较于传统建筑设计理念，绿色建筑设计首先体现在材料的选择上，即采用节能环保材料，因为这些建筑材料在生产、运输及使用过程中都是对环境友好的材料。②节能技术的使用。在建筑设计中节能技术主要运用在通风、采光及采暖等方面，在通风系统中引入智能风量控制系统以减少送风的总能源消耗；在采光系统中运用光感控制技术，自动调节室内亮度，减少照明能耗；在采暖系统中引入智能化控制系统，使建筑内部的温度智能调节。③施工技术的应用。绿色设计理念的运用能够提高工厂预制率，减少湿作业，在提高工作效率的同时，也提高项目的完成度。

二、绿色建筑设计理念的实际运用

平面布局的合理性。在设计建筑方案过程中，首先考虑建筑的平面布局的合理性，这对使用者体验造成直接影响，在住宅平面布局中比较重要的是采光，故而在建筑设计中合理规划布局考虑采光，以增强建筑对自然光的利用率，减少室内照明灯具的数量，降低电力能源消耗。同时通过阳光照射可以起到杀菌和防潮的功效。在进行平面布局时应该遵循以下几项原则：①设计当中严格控制建筑的体形系数，分析建筑散热面积与体形系数间的关系，在符合相关标准要求的基础上尽量增大建筑采光面积。②在进行建筑朝向设计时，考虑朝向的主导作用，使室内接受更多的自然光照射，并避免太阳光直线照射。

门窗节能设计。在建筑工程中门窗是节能的重点，是采光和通风的重要介质，在具体的设计中需要与实际情况相结合对门窗进行科学合理的设计，同时还要做好保温性能设计，合理选用门窗材料，严格控制门窗面积，以减少热能损失。另外在进行门窗设计时需要结合所在地区的四季变化情况与暖通空调相互融合，减少能源消耗。

墙体节能设计。在建筑行业迅猛发展的背景下，各种新型墙体材料层出不穷，在满足建筑节能设计指标要求的原则下对墙体材料进行合理选用。例如加气混凝土等多孔材料，它们具有更好的热惰性能，因而可以用来增强墙体隔热效果，减少建筑热能不断向外扩散，达到节约能源、降低能耗的目的。其次在进行墙体设计时，可以铺设隔热板来增强墙体隔热保温性能，实现节能减排的目的。目前隔热板的种类和规格比较多，通过合理的设计，隔热板的使用可以强化外墙结构的美观度，提高建筑的整体观赏性，满足人们的生活和城市建设的需求。

单体外立面设计。单体外立面是建筑设计中的重点，也是绿色建筑设计的重要环节，在开展该项工作时要与所处区域的天气气候特征相结合选用适合的立面形式和施工材料。由于我国南北气候差异较大，在进行建筑单体外立面设计中要对南北方区域的天气气候特征、热工设计分区、节能设计要求进行具体分析和科学合理的规划。大体而言，对于北方建筑单体立面设计，要严格控制建筑物体形系数、窗墙比等规定性指标，同时因为北方地区冬季温度很低，这就需要考虑保证室内保温效果，在进行外墙和外窗设计时务必加强保温隔热处理，减少热力能源损失，保障建筑室内空间的舒适度。对于南方建筑单体立面设计，因为夏季温度很高，故而需要科学合理地规划通风结构，利用自然风大大降低室内空调系统的使用率，降低能耗。此外，在进行单体外墙面设计时要尽量通过选用装修材料的颜色等，来提升建筑美观度，削弱外墙的热传导作用，达到节约减排的目的。

要注重选择各种环保的建筑材料。在我国，绿色建筑设计理念与可持续发展战略相一致，所以在建筑设计的时候要充分利用各种各样的环保建筑材料，以此实现材料的循环利用，进而降低能源消耗，达到节约资源的目的。在全国范围内响应绿色建筑设计及可持续发展号召下，建材市场上新型环保材料如雨后春笋般迅猛发展，这给建筑师提供了更多的可选的节能环保材料。作为一名建筑设计师，要时刻以遵循绿色设计原则、达到绿色环保的目标、实现绿色可持续发展为己任，持续为我国建设可持续发展的绿色建筑。

充分利用太阳能。太阳能是一种无污染的绿色能源，是地球上取之不尽、用之不竭的能源来源，所以在建筑设计时首要考虑的便是有效利用太阳能替代其他传统能源，这可以大大降低其他有限的资源消耗。鼓励利用太阳能，是我国政府及规划部门在节约能源方面的一大倡导。太阳能技术是将太阳能量转换成热水、电力等形式供生产生活使用。建筑物可利用太阳的光和热能，在屋顶设置光伏板组件，产生直流电，抑或是利用太阳热能加热产生热水。除此之外，应该与被动采暖设计原理相结合，充分利用寒冷冬季太阳辐射和直射能量，并且通过遮阳建筑设计方式减少夏季太阳光的直线照射，从而减少建筑室内空间的各种能源消耗。例如设置较大的南向窗户或使用能吸收及缓慢释放太阳热力的建筑材料。

构建水资源循环利用系统。水资源作为人类生存和发展的重要能源，要想实现可持续发展，有效践行绿色建筑理念，必须实现水资源的节约与循环利用。其中对于水资源的循环利用，在建筑设计中，设计人员需要在确保生活用水质量的基础上，构建一系列的水资源循环利用系统，做好生活污水的处理工作，即借助相关系统把生活生产污水处理以后，使其满足相关标准，进而用于冲厕、绿化灌溉等方面，从而最大限度提高水资源的二次利用率。此外，在规划利用生态景观中的水资源时，设计人员应严格依据整体性原则、循环利用原则、可持续原则，将防止水资源污染和节约水资源当作目标，并从城市设计角度做好海绵城市规划设计，做好雨水收集工作，借助相应系统来处理收集到的雨水，然后用作生态景观用水，形成一个良好的生态循环系统。在建筑装修设计中，应选用节水型的供水设备，不选用消耗大的设施，一般情况下可大量运用直饮水系统，从而确保优质水的供应，达到节约水资源的目的。

综上所述，在我国绿色建筑理念的倡导下，绿色建筑设计概念已成为建筑设计的基础。市场上从建筑材料到建筑设备都在不断地体现着绿色可持续的设计理念、支持着绿色建筑的发展，这一系列举措都促使着我国建筑行业朝着绿色、可持续的方向不断前进。

第二节 我国绿色建筑设计的特点

我国属于人均资源短缺的国家，根据中国建材网统计数据表明，当前 80% 的新房建设都是高耗能建筑。所以，当前，我国建筑能耗已经成了国民经济的负担。如何让资源变得可持续利用是当前亟待解决的一个问题。随着社会的发展，人类所面临的情形越来越严峻，人口基数越来越大，资源严重消耗，生态环境越来越恶劣。面对如此严峻的形势，实现城市建筑的绿色节能化越来越重要。建筑行业随着经济社会的进步和发展也在不断加快进程。环境污染的问题越来越严重，国家出台了相关的政策措施。在这样的发展状况下，建筑领域中对于实现可持续发展，维持生态平衡更加关注，要保证经济建设符合绿色的基本要求。因此，对于绿色建筑理念应该合理运用。

一、绿色建筑概念界定

绿色建筑的定义。绿色建筑指的是"在建筑的全寿命周期内，最大限度地节约资源、保护环境和减少污染，为人们提供健康、适宜和高效的使用空间，与自然和谐共生的建筑"。当前，中国已经成为世界第一大能源消耗国，因此，发展绿色建筑对于中国来说有着非常重要的意义。当前，国内节能建筑能耗水平基本上与 1995 年的德国相差无几，我国在低能耗建筑标准规范上尚未完善，国内绿色建筑设计水平还处于比较低的水平。另外，不管是施工工艺水平，还是制造的材料性能，与发达国家相比都存在较大差距。同时，低能耗建筑与绿色建筑的需求没有明确的标准，部件质量难以保证。

伴随着绿色建筑的社会关注度不断提升，可以预见，在不久的将来绿色建筑必将成为常态建筑，按照住房和城乡建设部给出的绿色建筑定义，可以理解为绿色建筑一定要表现在建筑全寿命周期内的所有时段，包括建筑规划设计、材料生产加工、材料运输和保存、建筑施工安装、建筑运营、建筑荒废处理与利用，每一环节都需要体现资源节约的原则，同时绿色建筑必须是环境友好型建筑，不仅要考虑到居住者的健康问题和实用需求，还必须和自然和谐相处

绿色建筑设计原则。建筑最终目的是以人为本，希望能够通过工程建设来提供人们起居和办公的生活空间，让人们各项需求能够得到有效满足。和普通建筑相比，其最终目的并没有得到改变，只是立足在原有功能的基础上，提出要注重资源的使用效率，要在建筑建设和使用过程中做到物尽其用，维护生态平衡，因地制宜地搞房屋建设。

健康舒适原则。绿色建筑的首要原则就是健康舒适，要充分体现出建筑设计的人性化，从本质上表现出对使用者的关心，将使用者需求作为引导来进行房屋建筑设计，让人们可以拥有健康舒适的生活环境与工作环境。其具体表现在建材无公害、通风调节优良、采光充足等方面。

简单高效原则。绿色建筑必须要充分考虑到经济效益，保证能源和资金的最低消耗率。绿色建筑在设计过程中，要秉持简单节约原则，比如说在进行门窗位置设计的过程中，必须要尽可能满足各类室内布置的要求，最大限度避免室内布置出现过大改动。同时在选取能源的过程中，还应该充分利用当地气候条件和自然资源，资源选取上尽量选择可再生资源。

整体优化原则。建筑作为区域环境的重要组成部分，其置身于区域之中，必须要同周围环境和谐统一，绿色建筑设计的最终目标是实现环境效益达到最佳。建筑设计的重点在于对建筑和周围生态平衡的规划，让建筑可以遵循社会与自然环境统一性的原则，优化配置各项因素，从而实现整体优化的效果。

二、绿色建筑的设计特点和发展趋势探析

绿色建筑设计特点分析。

节地设计。作为开放体系，建筑必须要因地制宜，充分利用当地自然采光，从而降低能源消耗与环境污染程度。绿色建筑在设计过程中一定要充分收集、分析当地居民资源，并根据当地居民生活习惯来设计建筑项目和周围环境的良好空间布局，让人们拥有一个舒适、健康和安全的生活环境。

节能节材设计。倡导绿色建筑，在建材行业中加以落实，同时积极推进建筑生产和建材产品的绿色化进程。设计师在进行施工设计的过程中，最大限度地保证建筑造型要素简约，避免装饰性构件过多；建筑室内所使用的隔断要保证灵活性，可以减少重新装修过程中材料浪费和垃圾出现；尽量采取能耗低和影响环境程度较小的建筑结构体系；应用建筑结构材料的时候要尽量选取高性能绿色建筑材料。当前，我国通过工业残渣制作出来的高性能水泥与利用废橡胶制作出来的橡胶混凝土均为新型绿色建筑材料，设计师在设计的过程中应尽量选取、应用这些新型材料。

水资源节约设计。绿色建筑进行水资源节约设计的时候，首先，大力提倡使用节水型器具；其次，在适宜范围内利用技术经济的对比，科学地收集利用雨水和污水，进行循环利用。另外，还要注意在绿色建筑中应用中水和下水处理系统，用经过处理的中水和下水来冲洗道路、汽车，或者作为景观绿化用水。根据我国当前绿色建筑评价标准，商场建筑和办公楼建筑非传统水资源利用率应该超过 20%，而旅馆类建筑应该超过 15%。

绿色建筑设计趋势探析。绿色建筑在发展过程中不应局限于个体建筑之上，相关设计师应从大局角度出发，立足城市整体规划基础上进行统筹安排。绿色建筑属于系统性工程，涉及很多领域，例如污水处理问题，这不只是建筑专业范围需要考虑的问题，还必须依靠相关专业的配合来实现污水处理问题的解决。针对设计目标来说，绿色建筑在符合功能需求和空间需求的基础上，还需要强调资源利用率的提升和污染程度的降低。设计师在设计过程中需要秉持绿色建筑的基本原则：尊重自然，强调建筑与自然的和谐。另外，还要注重对当地生态环境的保护，增强对自然环境的保护意识，让人们行为和自然环境发展能够相互统一。

三、我国绿色建筑设计的必要性

中国建材网数据表明，国内每年城乡新建房屋面积高达 20 亿平方米，其中超过 80% 都是高耗能建筑。现有建筑面积高达 635 亿平方米，其中超过 95% 都是高能耗建筑，而能源利用率才达到 33%，相比发达国家来说，我国要落后 20 多年。建筑总能耗分为两种，

一种是建材生产，另一种是建筑能耗，我国 30% 的能耗量为建筑总能耗，而其中建材生产能耗量高达 12.48%。在建筑能耗中，围护结构材料并不具备良好的保温性能，保温技术相对滞后，传热耗能达到 75% 左右。所以，大力发展绿色建筑已经成为一种必然的发展趋势。

绿色建筑设计可以不断提升资源的利用率。从建筑行业长久的发展上看，在建设建筑项目过程中对资源有着大量的消耗。我国土地虽然广阔，但是因为人口过多，很多社会资源都较为稀缺。面对这样的情况，建筑行业想要在这样的环境下实现稳定可持续发展，就要把绿色建筑设计理念的实际应用作为工作的重点，并结合人们的住房需求，采取最合理的办法，将建筑建设的环境水平提升，同时也要缓解在社会发展中所呈现出的资源稀缺的问题。

例如，可以结合区域气候特点来设计低能耗建筑；利用就地取材的方式来使建筑运输成本大大降低；采取多样化节能墙体材料来让建筑室内具备保温节能功能；应用太阳能、水能等可再生能源以降低生活热源成本；对建筑材料进行循环使用来实现建筑成本和环境成本的切实降低。

绿色建筑很大程度延伸了建筑材料的可选范围。绿色建筑发展让很多新型建筑材料和制成品有了可用之地，并且还进一步推动了工艺技术相对落后的产品的淘汰。例如，建筑业对多样化新型墙体保温材料的要求不断提高，GRC 板等新型建筑材料层出不穷，基于这样的时代背景，一些高耗能高成本的建筑材料渐渐被淘汰出局。

以持续化发展为目的，促进社会经济可持续发展。

在信息技术快速发展的背景下，在社会各个领域中都有科学技术手段的应用。同样在建筑行业中，出现了很多绿色建筑的设计理念和相关技术，资源浪费的情况从根本上减少，全面提升建筑工程的质量水平。除此之外，随着科学技术的发展，与过去的建筑设计相比，当前建筑设计的工作，在经济、质量及环保方面都有了很大的突破，给建筑工程质量的提升打下了良好的基础。

伴随人类生产生活对能源的不断消耗，我国能源短缺问题已经变得越来越严重，同时，社会经济的不断发展，让人们已经不仅仅满足最基本的生活需求，从十九大报告中"我国社会主要矛盾的转变"，可看出人们的生活追求正在变得逐步提升，都希望有一个健康舒适的生活环境。种种因素的推动下，大力发展绿色建筑已经成为我国建筑行业发展的必然趋势，相较于西方发达国家来说，我国建筑能耗严重，绿色建筑技术水平远远落后。

本节首先探讨了绿色建筑的相关概念界定，之后从节地设计、节能节材设计和水资源节约设计三个方面对绿色建筑设计特点进行了分析，详细描述了我国绿色建筑设计的发展趋势，最后阐明了绿色建筑设计的必要性。绿色建筑发展不仅仅是我国可持续发展对建筑行业发展提出来的必然要求，同时也是人们对生活质量提升和对工作环境的基本诉求。

第三节 绿色建筑方案设计思路

在社会发展的影响下，我国建筑越来越重视绿色设计，其已成为建筑设计中非常重要的一环，建筑设计会慢慢地向绿色建筑设计靠拢。绿色建筑为人们提供高效、健康的生活，通过将节能、环保、低碳的意识融入建筑中，实现自然与社会的和谐共生。现在我国建筑行业对绿色建筑设计的重视程度非常高，绿色建筑设计理念既是一个全新的发展机遇，同时又面临着严重的挑战。在此基础上本节分析了绿色建筑设计思路在设计中的应用，分析和探讨绿色建筑设计理念与设计原则，并提出绿色建筑设计的具体应用方案。

近年来我国经济发展迅速，但是这样的发展程度，大多以环境的牺牲为代价。目前，环保问题已成为整个社会所关注的热点，如何在生活水平提高的同时对各类资源进行保护和对整个污染进行控制成为重点问题。尤其对于建筑业来说，所需要的资源消耗较大，也就意味着会在整个建筑施工的过程中造成大量的资源浪费。而毋庸置疑的是建筑业所需要的各种材料，往往也是通过极大的能源来进行制造的，而制造的过程也会造成很多的污染，比如钢铁制造业对于大气的污染，油漆制造对于水源的污染。为了减少各种污染所造成的损害，于是提出了绿色建筑这一体系，也就是说，在整个建筑物建设的过程中采用以环保为中心，减少污染控制的建造方法。绿色建筑体系，对于整个生态的发展和环境的可持续发展具有重要的意义。除此之外，所谓的绿色建筑并不仅仅是建筑本身为绿色健康环保的，而要求建筑的环境也是处于一个绿色环保的环境，可以给居住在其中的居民一个更为舒适的绿色生态环境。以下分为室内环境和室外环境来进行论述。

一、绿色建筑设计思路和现状

据不完全数据显示，建筑施工过程中产生的污染物质种类涵盖了固体、液体和气体三种，资源消耗上也包括化工材料、水资源等物质，垃圾总量可以达到年均总量的40%左右，由此可以发现绿色建筑设计的重要性。简单来说，绿色建筑设计思路包括了节约能源、节约资源、回归自然等设计理念，就是以人的需求为核心，通过对建筑工程的合理设计，最大限度地降低污染和能源的消耗，实现环境和建筑的协调统一。设计的环节需要根据不同的气候区域环境有针对性进行，并从室内外环境、健康舒适性、安全可靠性、自然和谐性以及用水规划与供排水系统等因素出发合理设计。

在我国建筑设计中的应用受诸多因素的影响，还存在不少的问题，发展现状不容乐观。①尽管近些年建筑行业在国家建设生态环保性社会的要求下，进一步扩大了绿色建筑的建筑范围，但绿色建筑设计与发达国家相比仍处于起步阶段，相关的建筑规范和要求仍然存在缺失、不合理的问题，监管层面更是严重缺乏，限制了绿色设计的实施效果。②相较于传统建筑施工，绿色建筑设计对操作工艺和经济成本的要求也很高，部分建设单位因成本等因素对于绿色设计思路的应用兴趣不高。③绿色建筑设计需要相关的设计人员具备高素质的建筑设计能力，并能够在此基础上将生态环保理念融合在设计中，但实际的设计情况明显与期待值不符，导致绿色建筑设计理念流于形式，未得到落实。

二、建筑设计中应用绿色设计思路的措施

绿色建筑材料设计。绿色建筑设计中，材料选择是设计首要的环节，在这一阶段，主要是从绿色选择和循环利用设计两个方面出发。

绿色建筑材料的选择。建筑工程中，前期的设计方案除了要根据施工现场绘制图纸外，也会结合建筑类型事先罗列出工程建设中所需的建筑材料，以供采购部门参考。但传统的建筑施工"重施工，轻设计"的观念导致材料选购清单的设计存在较大的问题，材料、设备过多或紧缺的现象时有发生。所以，绿色建筑设计思路要考虑到材料选购的环节，以环保节能为清单设计核心。综合考虑经济成本和生态效益，将建筑资金合理地分配到不同种类材料的选购上，可以把国家标准绿色建材参数和市面上的材料数据填写到统一的购物清单中，提高材料选择的环保性。而且，为了避免出现材料份额不当的问题，设计人员也要根据工程需求情况，设定一个合理数值范围，避免造成闲置和浪费。

循环材料设计。绿色建筑施工需要使用的材料种类和数量都较多，一旦管理的力度和范围有缺失就会出现资源的浪费，因此必须做好材料的循环使用设计方案。对于大部分的建筑施工而言，多数的材料都只使用了一次便无法再次利用，而且使用的塑料材质不容易降解，对环境造成了相当严重的污染。对此，在绿色建筑施工管理的要求下，可以先将废弃材料进行分类，一般情况下建材垃圾的种类有碎砌砖、砂浆、混凝土、桩头、包装材料以及屋面材料，设计方案中可以给出不同材料的循环方法，碎砌砖的再利用设计就可以是做脚线、阳台、花台、花园的补充铺垫或者重新进行制造，变成再生砖和砌块。

顶部设计。高层建筑的顶部设计在整体设计过程当中占据着非常重要的地位，独特的顶部设计能够增强整体设计的新鲜感，增强自身的独特性，更好地与其他建筑设计进行区分。比如说可以将建筑设计的顶部设计成蓝色天空的样子，等到晚上可以变成一个明亮的灯塔，给人眼前一亮的感觉。但是，并不可以单纯为了博得大家的关注而使用过多的建筑材料，避免造成资源浪费，顶部设计的独特性应该建立在节约能源的基础上，以绿色化设计为基础。

外墙保温系统设计。外墙保温设计需要注意的是抹灰砂浆的配置要保证节能，尤其是抗裂性质的泥浆对于保证外保温系统的环保十分关键。为了保证砂浆维持在一个稳定的水平线以内，要在砂浆设计的过程中严格按照绿色节能标准，合理制定适当比例的乳胶粉和纤维元素比例，以保证砂浆对保温系统的作用。

个人认为，绿色建筑不光指民用建筑可持续发展建筑、生态建筑、回归大自然建筑、节能环保建筑等，工业建筑方面也要考虑其绿色、环保的设计，减少环境影响。

刚刚设计完成的定州雁翎羽绒制品工业园区，正是考虑到了绿色环保这一方面，采用工业污水处理＋零排放技术。其规模及影响力在全国羽绒制品行业首屈一指。

其位于雄安新区腹地，区位优势明显、交通便捷通畅、生态环境优良、资源环境承载能力较强，现有开发程度较低，发展空间充裕，具备高起点高标准开发建设的基本条件。为迎合国家千年大计之发展，该企业是羽绒行业单家企业最大的污水处理厂，工艺流程完善，污水多级回收重复利用，节能率最高，工艺设备最先进；总体池体结构复杂，污水处理厂区 130m×150m，整体结构控制难度大，嵌套式水池分布，土结构地下深度深，且多层结构，地利用率最充分，设计难度大。

整个厂区水循环系统为多点回用，污水处理有预处理＋生化＋深度生化处理＋过滤；后续配备超滤反渗透＋蒸发脱盐系统，是国内第一家真正实现生产污水零排放的羽绒企业。

简而言之，在建筑设计中应用绿色设计思路是非常有必要的，绿色建筑设计思路在当前建筑行业被广泛应用，也取得了较好的应用效果，进一步的研究是十分必要的，相信在以后的发展过程中，建筑设计中会加入更多的绿色设计思路，建设绿色型建筑，为人们创建舒适的生活居住环境。

第四节　绿色建筑的设计及其实现

本节首先分析了绿色环境保护节能建筑设计的重要意义，随后介绍了绿色建筑初步策划、绿色建筑整体设计、绿色材料与资源的选择、绿色建筑建设施工等内容，希望能给相关人士提供参考。

随着近几年环境的恶化，绿色节能设计理念相继诞生，这也是近几年城市居民生活的直接需求。在经济不断发展的背景下，人们对于生活质量的重视程度逐渐提升，使得环保节能设计逐渐成为建筑领域未来发展的主流方向。

一、绿色环境保护节能建筑设计的重要意义

绿色建筑拥有建筑物的各种功能，同时还可以按照环保节能原则实施高端设计，进一步满足人们对于建筑的各项需求。在现代化发展过程中，人们对于节能环保这一理念的接受程度不断提升，建筑行业领域想要实现可持续发展的目标，需要积极融入环保节能设计相关理念。而建筑应用期限以及建设质量在一定程度上会受环保节能设计综合实力所影响，为了进一步提高绿色建筑建设质量，需要加强相关技术人员的环保设计实力，将环保节能融入建筑设计的各个环节中，从而提高建筑整体质量。

二、绿色建筑初步策划

节能建筑设计在整体规划的过程中，需要先考虑到环保方面的要求，通过有效的宏观调控手段，控制建筑环保性、经济性和商业性，从而促进三者之间维持一种良好的平衡状态。在保证建筑工程基础商业价值的同时，提高建筑的整体环保性能。通常情况下，建筑物主要是一种坐北朝南的结构，这种结构不但能够保证房屋内部拥有充足的光照，同时还能提高建筑整体商业价值。实施节能设计的过程中，建筑通风是其中的重点环节，合理的通风设计可以进一步提高房屋通风质量，促进室内空气的正常流通，从而维持清新空气，提高空气和光照等资源的使用效率。在建筑工程中，室内建筑构造为整个工程中的核心内容，建筑室内环境的合理布局，可以充分利用室内空间，促进个体空间与公共空间的有机结合，最大限度提升建筑的节能环保效果。

三、绿色节能建筑整体设计

空间和外观。通过空间和外观的合理设计能够实现生态设计的目标。建筑表面积和覆盖体积之间的比例为建筑体形系数，该系数能够反映出建筑空间和外观的设计效果。如果外部环境相对稳定，则体形系数能够决定建筑能源消耗，比如建筑体形系数扩大，则建筑单位面积散热效果加强，使总体能源消耗增加，为此需要合理控制建筑体形系数。

门窗设计。建筑物外层便是门窗结构，会和外部环境空气进行直接接触，空气便会顺着门窗的空隙传入室内，影响室温状态，无法发挥良好的保温隔热效果。在这种情况下，需要进一步优化门窗设计。窗户在整个墙面中的比例应该维持一种适中状态，从而有效控制采暖消耗。对门窗开关形式进行合理设计，比如推拉式门窗能够防止室内空气对流。在门窗的上层添加嵌入式的遮阳棚，从而对阳光照射量进行合理调节，促进室内温度维持一种相对平衡的状态，维持在一种最佳的人体舒适温度。

墙体设计。建筑墙体功能之一便是促进建筑物维持良好的温度状态。进行环保节能设计的过程中，需要充分结合建筑墙体作用特征，提升建筑物外墙保温效果，扩大外墙混凝土厚度，通过新型的节能材料提升整体保温效果。最新研发出来的保温材料有耐火纤维、膨胀砂浆和泡沫塑料板等。相关新兴材料能够进一步减缓户外空气朝室内的传播渗透速度，从而降低户外温度对于室内温度的不良影响，达到一种良好的保温效果。除此之外，新兴材料还可以有效预防热桥和冷桥磨损建筑物墙体，增加墙体使用期限。

四、绿色材料与资源的选择

合理选择建筑材料。材料是建筑环保节能设计中的重要环节，建筑工程结构十分复杂，因此对于材料的消耗也相对较大，尤其是在各种给水材料和装饰材料中。通过高质量装饰材料能够突显建筑环保节能功能，比如通过淡色系的材料进行装饰，不仅可以进一步提高整个室内空间的开阔度和透光效果，同时还能够对室内的光照环境进行合理调节，随后结合室内采光状态调整光照，降低电力消耗。建筑工程施工中给排水施工是重要环节，为此需要加强环保设计，尽量选择结实耐用、节能环保、危险系数较低的管材，从而进一步增加排水管道应用期限，降低管道维修次数，为人们提供更加方便的生活，提升整个排水系统的稳定性与安全性。

利用清洁能源。清洁能源的应用技术是最新发展出来的一种广泛应用于建筑领域中的技术，受到人们广泛欢迎，同时也是环保节能设计中的核心技术。其中难度较高的技术为风能技术、地热技术和太阳能技术。而相关技术开发出来的也是可再生能源，永远不会枯竭。将相关尖端技术有效融入建筑领域中，可以为环保节能设计奠定基础，提供保障。在现代建筑中太阳能的应用逐渐扩大，人们能够通过太阳能直接发电取暖，也是现代环保节能设计中的重要能源渠道。社会的发展离不开能源，而随着发展速度不断加快，对于能源的消耗也逐渐增加，清洁能源的有效利用可以进一步减轻能源压力，同时清洁能源还不会造成二次污染，满足人们绿色生活要求。当下建筑领域中的清洁能源以自然光源为主，能够有效减轻视觉压力，为此在设计过程中需要提升自然光利用率，结合光线衍射、反射与折射原理，合理利用光源。因为太阳能供电需要投入大量资金资源进行基础设备建设，在一定程度上阻碍了太阳能技术的推广。风能的应用则十分灵活，包括机械能、热能和电能等，都可以由风能转化储存，从这个角度来看风能比太阳能拥有更为广阔的开发前景。绿色节能技术的发展能够在建筑领域中发挥出更大的作用。

五、绿色建筑建设施工技术

地源热泵技术。地源热泵技术常用于解决建筑物中的供热和制冷难题，能够发挥出良好的能源节约效果。和空气热泵技术相比，地源热泵技术在实践操作过程中，不会对生态环境造成太大的影响，只会对周围部分土壤的温度造成一定影响，对于水质和水位没有太大影响，因此可以说地源热泵拥有良好的环保效果。地下管线应用性能容易被外界温度所影响，在热量吸收与排放两者之间相互抵消的条件下，地源热泵能够达到一种最佳的应用状态。我国南北方存在很大温差，为此在维护地下管线的过程中也需要使用不同的处理措施。北方可以通过增设辅助供热系统的方式，分散地源热泵的运行压力，提高系统运行的稳定性；而南方地区则可以通过冷却塔的方法分散地源热泵的工作负担，延长地源热泵应用期限。

蓄冷系统。通过优化设计蓄冷系统，可以对送风温度进行全面控制，减少系统中的运行能耗。因为夜晚的温度通常都比较低，能够方便在降低系统能耗的基础上，有效储存冷气，在电量消耗相对较大的情况下有效储存冷气，随后在电力消耗较大的情况下，促进系统将冷气自动排送出去，结束供冷工作，减少电费消耗。条件相同的情况下，储存冰的冷气量远远大于水的冷气量，同时冰所占的储冷容积也相对较小，为此热量损失较低，能够有效控制能量消耗。

自然通风。自然通风可以促进室内空气的快速流动，从而使室内外空气实现顺畅交换，维持室内新鲜的空气状态，使其满足舒适度要求，同时不会额外消耗各种能源，降低污染物产量，在零能耗的条件下，促进室内的空气状态达到一种良好的状态。在该种理念的启发下，绿色空调暖通的设计理念相继诞生。自然通风主要可以分为热压通风和风压通风两种形式，而占据核心地位和主导优势的是风压通风。建筑物附近风压条件也会对整体通风效果产生一定影响。在这种情况下，需要合理选择建筑物的具体位置，充分结合建筑物的整体朝向和分布格局进行科学分析，提高建筑物整体通风效果。在设计过程中，还需充分结合建筑物剖面和平面状态进行综合考虑，尽量降低空气阻力对于建筑物的影响，扩大门窗面积，使其维持在同一水平面，实现减小空气阻力的效果。天气因素是影响户外风速的主要原因，为此在对建筑窗户进行环保节能设计时，可以通过添加百叶窗对风速合理调控，从而进一步减轻户外风速对于室内通风的影响。热压通风和空气密度之间的联系比较密切。室内外温度差异容易影响整体空气密度，空气能够从高密度区域流向低密度区域，促进室内外空气的顺畅流通，通过流入室外干净的空气，把室内浑浊的空气排送出去，提升室内整体空气质量。

空调暖通。建筑物保温功能主要是通过空调暖通实现的。为了实现节能目标，可以对空调的运行功率合理调控，从而有效减少室内热量消耗，提高空调暖通的环保节能效果。除此之外，还可以通过对空调风量合理调控的方法降低空调运行压力，减少空调能耗，实现节能目标。把变频技术融入空调暖通系统中，能够进一步减少空调能耗，和传统技术下的能耗相比降低了四成，提高了空调暖通的节能效果。经济发展带来两种结果：一是提升了人们整体生活质量，二是加重了环境污染，威胁到人们身体健康。对空调暖通优化设计能够有效降低污染物排放，减少能源消耗，从而提升整体环境质量。在对建筑中的空调暖通设备进行设计的过程中，还需要充分结合建筑外部气流状况和建筑当地地理状况，有效选择环保材料，促进系统升级，提升环保节能设计的社会性与经济效益。

电气节能技术。在新时期的建筑设计中，电气节能技术的应用范围逐渐扩大，能够进一步减少能源消耗。电气节能技术大都应用于照明系统、供电系统和机电系统中。在配置供电系统相关基础设备的过程中，应该始终坚持安全和简单的原则，预防相同电压变配电技术超出两端问题的出现，外变配电所应该和负荷中心之间维持较近的距离，从而有效减少能源消耗，促进整个线路的电压维持一种稳定的状态。为了降低变压器空载过程中的能量损耗，可以选择配置节能变压器。为了进一步保证热稳定性，控制电压损耗，应该合理配置电缆电线。照明设计和配置两者之间完全不同，照明设计需要符合相应的照度标准，只有合理设计照度才能降低电气系统能源消耗，实现优化配置的终极目标。

综上所述，环保节能设计符合新时期的发展诉求，同时也是建筑领域未来发展的主流方向，能够促进人们生活环境和生活质量的不断优化，在保证建筑整体功能的基础上，为人们提供舒适生活条件，打造生态建筑。

第五节　绿色建筑设计的美学思考

在以绿色与发展为主题的当今社会，随着我国经济的飞速发展，科技创新不断进步，在此影响下绿色建筑在我国得以全面发展贯彻，各类优秀的绿色建筑案例不断涌现，这给建筑设计领域也带来了一场革命。建筑作为一门凝固的艺术，其本身是以建筑的工程技术为基础的一种造型艺术。绿色技术对建筑造型的设计影响显著，希望本节这些总结归纳能对从事建筑业的同行有所帮助和借鉴。

建筑是人类改造自然的产物，绿色建筑是建筑学发展到当前阶段人类对我们不断恶化的居住环境的回应。绿色建筑的主题也是对建筑三要素"实用、经济、美观"的最好解答，基于此，对绿色建筑下的建筑形式美学展开研究分析，就十分的必要了。

一、绿色建筑设计的美学基本原则

"四节一环保"是绿色建筑概念最基本的要求，新的国家标准 GB/T 50378—（2009）《绿色评价标准》更是在之前的基础上体现出了"以人为本"的设计理念。因此对于绿色建筑的设计，首先要求我们要回归建筑学的最本质原则，建筑师要从"环境、功能、形式"三者的本质关系入手，建筑所表现的最终形式是对这三者关系的最真实的反映。从建筑诞生那刻起人类对建筑美的追求就从未停止，虽然不同时代、不同时期人们的审美有所不同，但美的法则是有其永恒的规律可遵循的。优秀的建筑作品无一例外地都遵循了"多样统一"的形式美原则，对于这些如主从、对比、韵律、比例、尺度、均衡基本法则仍然是我们建筑审美的最基本原则。从建造角度来讲，建筑本身是和建筑材料密切相关的，整个建筑的历史，从某种意义来说也是一部建筑材料史，绿色建筑美的表现还在于对其建筑材料本身特质与性能的真实体现。

二、绿色建筑设计的美学体现

生态美学。生态美是所有生命体和自然环境和谐发展的基础，其需要确保生态环境中的空气、水、植物、动物等众多元素协调统一，建筑师的规划设计需要满足自然规律。我们都知道，中国传统民居就是在我国古代劳动人民不断地适应自然、改造自然的过程中，不断积累经验，利用本土建筑材料与长期积累的建造技艺来建造，最终形成一套具有浓郁地方特色的建筑体制，北方的合院、江南的四水归堂、中西部的窑洞、西南地区的干栏式建筑无一例外都是适应当地自然环境气候特征、因地制宜的建造的结果，其本质体现了先民那种"天人合一"与自然和谐相处的哲学思想。现代生态建筑的先驱及最忠诚实践者的马来西亚建筑大师杨经文的实践作品为现代建筑的生态设计提供了重要的方向。他认为："我们不需要采取措施来衡量生态建筑的美学标准。我认为，它应该看起来像一个'生活'的东西，它可以改变、成长和自我修复，就像一个活的有机体，同时它看起来必须非常美丽。"

工艺美学。现代建筑起源于工艺美术运动，而最早有关科技美的思想，是德国的一名物理学家兼哲学家费希纳提出的。建筑是建造艺术与材料艺术的统一体，其表现出的结构美、材料质感美都与工业、科技的发展进步密不可分。人类进入信息化社会以后，区别于以往单纯追求的技术精美，未来建筑会更加的智能化，科技感会更突出。这种科技美的出现虽然打破了过去对于自然美和艺术美的概念，但同时又为绿色建筑向更高端迈进提供了新的机会，与以往"被动式"绿色技术建造为主不同，未来的绿色建筑将更加"主动"，从某种意义上讲绿色建筑也会变得更加有机，自我调控修复的能力更强。

空间艺术。建筑从使用价值角度来讲，其本质不在于其外部形式而在于内部空间本身。健康的、舒适的室内空间环境是绿色建筑最基本的要求。不同地域不同气候特征下，建筑内部的空间特征就有所区别，一般来说，严寒地区的室内空间封闭感比较强，炎热地区的空间就比较开敞通透。建筑内部对空间效果的追求要以有利于建筑节能，有利于室内获得良好通风与采光为前提。同时，室内空间的设计要能很好地回应外部的自然景观条件，能将外部景观引入室内（对景、借景），从而形成美的空间视觉感受。

三、绿色建筑设计的美学设计要点

绿色建筑场地设计。绿色建筑对场地设计要求我们在开发利用场地时，能保护场地内原有的自然水域、湿地、植被等，保持场地内生态系统与场外生态系统的连贯性。正所谓"人与天调，然后天下之美生"。意为只有将"人与天调"作为基础，进行全面的关注和重视，综合对生态的重视，我们才能够完成可持续发展观，从而设计并展现出真正的美。这就要求我们在改造利用场地时，首先选址要合理，所选基地要适合建筑的性质。在场地规划设计时，要结合场地自身的特点（地形地貌等），因地制宜地协调各种因素，最终形成比较理性的规划方案。建筑物的布局应合理有序，功能分区明确，交通组织合理。真正与场地结合比较完美的建筑就如同在场地中生长出一般，如现代主义建筑大师赖特的代表作流水别墅就是建筑与地形完美结合的经典之作。

绿色建筑形体设计。基于绿色建筑下建筑的形态设计，建筑师应充分考虑建筑与周边自然环境的联系，从环境入手来考虑建筑形态，建筑的风格应与城市、周边环境相协调。一般在"被动式"节能理念下，建筑的体形应该规整，控制好建筑表面积与其体积的比值

（体形系数），才能节约能耗。对于高层建筑，风荷载是最主要的水平荷载。建筑体形要求能有效减弱水平风荷载的影响，这对节约建筑造价有着积极的意义，如上海金茂大厦、环球金融中心的体形处理就是非常优秀的案例。在气候影响下，严寒地区的建筑形态一般比较厚重，而炎热地区的建筑形态则相对比较轻盈舒展。在场地地形高差比较复杂的条件下，建筑的形态更应结合场地地形来处理，以此来实现二者的融合。

绿色建筑外立面设计。绿色建筑要求建筑的外立面首先应该比较简洁，摒弃无用的装饰构件，这也符合现代建筑"少就是多"的美学理念。为了保证建筑节能，应在满足室内采光要求下，合理控制建筑物外立面开窗尺度。在建筑立面表现上，我们可以通过结合遮阳设置一些水平构架或垂直构件，建筑立面的元素要有存在的实用功能。在此理念下，结合建筑美学原理，组织各种建筑元素来体现建筑造型风格。在建材的选择上，应积极选用绿色建材，建筑立面的表达要能充分表现材料本身的特性，如钢材的轻盈，混凝土的厚重及可塑性，玻璃反射与投射等等。在智能技术发展普及下，建筑的外立面不是一旦建成就固定不变了，如今已实现了可控可调，建筑的立面可以与外部环境形成互动，丰富了建筑的立面视觉感观。如可根据太阳高度及方位的变化、可智能调节的遮阳板、可以"呼吸"的玻璃幕墙、立体绿化立面等等，这些都展现出了科技美与生态美理念。

绿色室内空间设计。在室内空间方面，首先绿色建筑提倡装修一体化设计，这可以缩短建筑工期，减少二次装修带来的建筑材料上的浪费。从建筑空间艺术角度，一体化设计更有利于建筑师对建筑室内外整体建筑效果的把控，有利于建筑空间氛围的营造，实现高品位的空间设计。在室内空间的舒适性方面，绿色建筑的室内空间要求能改善室内自然通风与自然采光条件。基于此，中庭空间无疑是最常用的建筑室内空间。结合建筑的朝向以及主要风向设置中庭，形成通风甬道。同时将外部自然光引入室内、利用烟囱的效应，有助于引进自然气流，置换优质的新鲜空气。中庭地面设置绿化、水池等景观，在提供视觉效果的同时，更有利于改造室内小气候。

绿色建筑景观设计。景观设计由于其所处国度及文化不同，设计思想差异很大，以古典园林为代表的中国传统景观思想讲究体现自然山水的自然美，而西方古典园林则是以表达几何美为主。在这两种哲学思想下，形成了现代景观设计的两条主线。绿色主题下的景观设计应该更重视建立良性循环的生态系统，体现自然元素和自然过程，减少人工痕迹。在绿化布局中，我们要改变过去单纯二维平面维度的布置思路，而应该提高绿容率，讲究立体绿化布置。在植物配置的选择上应以乡土树种为主，提倡"乔、灌、草"的科学搭配，提高整个绿地生态系统对当地人居环境质量的功能作用。

绿色建筑的发展打破了固有的建筑模式，给建筑行业注入了新的活力。伴随着人们对绿色建筑认识的提高，也会不断提升对于绿色建筑的审美能力，作为建筑师我们更应该提升个人修养，杜绝奇奇怪怪的建筑形式，创作符合大众审美的建筑作品。

第六节 绿色建筑设计的原则与目标

"生态引领、绿色设计"为主的绿色建筑设计理念逐渐得到建筑行业重视，并得到一定程度的推广与应用。以绿色建筑为主的设计理念主张结合可持续战略政策，实现建筑领域范围内的绿色设计目标，解决以往建筑施工污染问题，最大限度地确保建筑绿色施工效果。可以说，实行绿色建筑设计工作已成为我国建筑领域予以重点贯彻与落实的工作内容。基于此，本节主要以绿色建筑设计为研究对象，重点针对绿色建筑设计原则、实现目标及设计方法进行合理分析，以供参考。

全面贯彻与落实国家住房和城乡建设部会议精神及决策部署，牢固树立创新、绿色、开放的建筑领域发展理念，已成为建筑工程现场施工与设计工作亟待实现的发展理念与核心目标。目前，对于绿色建筑设计问题，必须严格按照可持续发展理念与绿色建筑设计理念，即构建以创新发展为内在驱动力，以绿色设计与绿色施工为内在抓手的设计理念，以期为绿色建筑设计及现场施工提供有效保障。与此同时，在实行绿色建筑设计过程中，建筑设计人员必须始终坚持把"生态引领、绿色设计"放在全局规划设计当中，力图将绿色建筑设计工作带到建筑工程施工全过程当中。

一、绿色建筑的相关概述

基本理念。所谓的绿色建筑主要是指在建筑设计与建筑施工过程中，始终秉持人与自然协调发展原则，并秉持节能降耗发展理念，保护环境和减少污染，为人们提供健康、舒适和高效的使用空间，建设与自然和谐共生的建筑物。在提高自然资源利用率的同时，尽量促进生态建筑与自然建筑的协调发展。在实践过程中，绿色建筑一般不会使用过多的化学合成材料，反而会充分利用自然能源，如太阳光、风能等可再生资源，让建筑使用者直接与大自然相接触，减少以往人工干预问题，确保居住者能够生活在一个低耗、高效、环保、绿色、舒心的环境当中。

核心内容。绿色建筑核心内容多以节约能源资源与回归自然为主。其中，节约能源资源主要指在建筑设计过程中，利用环保材料，最大限度地确保建设环境安全。与此同时，提高材料利用率，合理处理并配置剩余材料，确保可再生能源得以反复利用。举例而言，针对建筑供暖与通风设计问题，在设计方面应该尽量减少空调等供暖设备的使用量，最好利用自然资源，如太阳光、风能等，加强向阳面的通风效果与供暖效果。一般来说，不同地区的夏季主导风向有所不同。建筑设计人员可以根据不同的地区地理位置以及气候因素进行统筹规划与合理部署，科学设计建筑平面形式和总体布局。

而绿色建筑设计主要是指在充分利用自然资源的基础上，实现建筑内部设计与外部环境的协调发展。通俗来讲，就是在和谐中求发展，尽可能地确保建筑工程的居住效果与使用效果。在设计过程中，摒弃传统能耗问题过大的施工材料，尽量杜绝使用有害化学材料等，并尽量控制好室内温度与湿度问题。待设计工作结束之后，现场施工人员往往需要深入施工场地进行实地勘测，及时明确施工区域土壤条件、是否存在有害物质等。需要注意的是，对于建筑施工过程中使用的石灰、木材等材料必须事先做好质量检验工作，防止施工能耗问题。

二、绿色建筑设计的原则

简单实用原则。工程项目设计工作往往需要立足于当地经济特点、环境特点以及资源特点进行统筹考虑，对待区域内自然变化情况，必须充分利用好各项元素，以期提高建筑设计的合理性与科学性。鉴于不同地域经济文化、风俗习惯存在一定差异，因此所对应的绿色设计要求与内容也不尽相同。因此，绿色建筑设计工作必须在满足人们日常生活需求的前提下，尽可能地选用节能型、环保型材料，确保工程项目设计的简单性与适用性，更好地加强对外界不良环境的抵御能力。

经济和谐原则。绿色建筑设计针对空间设计、项目改造以及拆除重建问题予以重点研究，并针对施工过程中能耗过大的问题，如化学材料能耗问题等进行了合理改进。主张现场施工人员以及技术人员必须采取必要的控制手段，解决以往施工能耗过大的问题。与此同时，严格要求建筑设计人员必须事先做好相关调查工作，明确施工场地施工条件，针对不同建筑系统采取不同的方法策略。为此，绿色建筑设计要求建筑设计人员必须严格遵照经济和谐原则，充分延伸并发展可持续发展理念，满足工程建设经济性与和谐性目标。

节约舒适原则。绿色建筑设计主体目标在于如何实现能源资源节约与成本资源节约的双向发展。因此，国家住房和城乡建设部将节约舒适原则视作绿色建筑设计工作必须予以重点践行的工作内容。严格要求建筑设计人员必须立足于城市绿色建筑设计要求，重点考虑城市经济发展需求与主要趋势，并且根据建设区域条件，重点考虑住宅通风与散热等问题。最好减少空调、电扇等高能耗设备的使用频率，以期初步缓解能源需求与供应之间的矛盾现象。除此之外，在建筑隔热、保温以及通风等功能的设计与应用方面，最好实现清洁能源与环保材料的循环使用，以期进一步提升人们生活的舒适程度。

三、绿色建筑设计目标内容

新版《公共建筑绿色设计标准》与《住宅建筑绿色设计标准》针对绿色建筑设计目标内容做出了明确指示与规划，要求建筑设计人员必须从多个层面，实现层层推进、环环紧扣的绿色建筑设计目标。重点从各个耗能施工区域入手，加强节能降耗设计措施，以确保绿色建筑设计内容实现建筑施工全范围覆盖目标。以下是笔者结合实际工作经验，总结与归纳出的绿色建筑设计亟待实现的目标内容，仅供参考。

功能目标。绿色建筑设计功能目标涵盖面较广，集中以建筑结构设计功能、居住者使用功能、绿色建筑体系结构功能等目标内容为主。在实行绿色建筑设计工作时，要求建筑设计人员必须从住宅温度、湿度、空间布局等方面综合衡量与考虑，如空间布局规范合理、建筑面积适宜、通风性良好等。与此同时，在身心健康方面，要求建筑设计人员必须立足于当地实际环境条件，为室内空间营造良好的空气环境，且所选用的装饰材料必须满足无污染、无辐射的特点，最大限度确保建筑物安全，并满足建筑物使用功能。

环境目标。实行绿色建筑设计工作的本质目的在于尽可能地降低施工过程造成的污染影响。因此，对于绿色建筑设计工作而言，必须首要实现环境设计目标。在正式设计阶段，最好着眼于合理规划建筑设计方案方面，确保绿色建筑设计目标得以实现。与此同时，在能源开采与利用方面，最好重点明确设计目标内容，确保建筑物各结构部位的使用效果。如结合太阳能、风能、地热能等自然能源，降低施工过程中的能耗污染问题。

成本目标。经济成本始终是建筑项目予以重点考虑的效益问题。对于绿色建筑设计工作人员来说，实现成本目标对于工程建设项目具有至关重要的作用。对于绿色建筑设计成本而言，往往需要从建筑全寿命周期进行核定。对待成本预算工作，必须从整个规划的建筑层面入手，将各个独立系统额外增加的费用进行合理记录。最好从其他处进行减少，防止总体成本发生明显增加。如太阳能供暖系统投资成本增加可以降低建筑运营成本等。

四、绿色建筑设计工作的具体实践分析

关于绿色建筑设计工作的具体实践，笔者主要以通风设计、给排水设计、节材设计为例。其中，通风设计作为绿色建筑设计的重点内容，需要立足于绿色建筑设计目标，针对绿色建筑结构进行科学改造。如合理安排门窗开设问题、适当放宽窗户开设尺寸，以达到提高通风量的目的。与此同时，对于建筑物内部走廊过长或者狭小的问题，建筑设计人员一般多会针对楼梯走廊实行开窗设计，目的在于提高楼梯走廊光亮程度以及通风效果。

在给排水系统设计方面，严格遵循绿色建筑设计理念，将提高水资源利用效率视为给排水系统设计的核心目标。在排水管道设施的选择方面，尽量选择具备节能性与绿色性的管道设施。在布局规划方面，必须满足严谨、规范的绿色建筑设计原则。另外，在节约水资源方面，最好合理回收并利用雨水资源、规范处理废水资源。举例而言，废水资源经循环处理之后，可以用于现场施工，如清洗施工设备等。

在建筑设计过程中，节材设计尤为重要。建筑材料的选择直接影响着设计手法和表现的效果，建筑设计应尽量多地采用天然材料，并力求使资源可重复利用，减少资源的浪费。木材、竹材、石材、钢材、砖块、玻璃等均是可重复利用极好的建材，是现在建筑师最常

用的设计手法之一，也是体现地域建筑的重要表达语言。旧材料的重复利用，加上现代元素的金属板、混凝土、玻璃等能形成强烈的新旧对比，在节材的同时赋予旧材料新生命，同时也彰显出人文情怀和地方特色。材料的重复使用更能凸显绿色建筑地域与人文的"呼应"、传统与现代的"融合"、环境与建筑的"一体"的理念。

总而言之，绿色建筑设计作为实现城市可持续发展与环保节能理念落实的重要保障，理应从多个层面，实现层层推进、环环紧扣的绿色建筑设计目标。在绿色建筑设计过程中，最好将提高能源资源利用率及实现节能、节材、降耗目标放在首要设计战略位置，力图在降低能耗的同时，节约成本。与此同时，在绿色建筑设计过程中，对于项目规划与设计问题，必须尊重自然规律、满足生态平衡。对待施工问题，不得擅自主张改建或者扩建，确保能够实现人与自然和谐相处的目标。需要注意的是，工程建筑设计人员最好立足于当前社会发展趋势与特点，明确实行绿色建筑设计的主要原则及目标，从根本上确保绿色建筑设计效果，为工程建造安全提供保障。

第七节　基于 BIM 技术的绿色建筑设计

社会的快速发展推动了我国城市化的进程，使得建筑行业的发展取得了突飞猛进的进步，建筑行业在快速发展的同时也给我国的生态环境带来了一定的污染，一些能源也面临枯竭。这类问题的出现对我国的经济发展产生了重大的影响。随着环境和能源问题的日益严重，我国对于生态环境保护给予了重大的关注，我国现阶段的发展理念主要以节能、绿色和环保为主。作为我国城市发展基础工程的建筑工程，为了适应社会的发展，也逐渐向着绿色建筑的方向进步。虽然我国对于绿色建筑已经大力发展，但是由于一些因素的影响，绿色建筑的发展存在着一些问题，为了有效地对绿色建筑发展中出现的问题进行解决，就需要在绿色建筑发展中合理地运用 BIM 技术。本节主要就是基于 BIM 技术的绿色建筑设计进行的分析和研究。

一、BIM 技术和绿色建筑设计概述

BIM 技术。BIM 技术就是一种新型的建筑信息模型，通常应用在建筑工程中的设计建筑管理中，BIM 的运行方式主要是先通过参数对模型的信息进行整合，并在项目策划、维护以及运行中进行信息的传递。将 BIM 技术应用在绿色建筑设计中，不但可以为建筑单位以及设计团队奠定一定的合作基础，还可以有效地为建筑物从拆除到修建等各个环节提供有力的参考。在建筑工程的项目中，任何单位都可以利用 BIM 技术来对作业的情况进行修改、提取以及更新，所以说 BIM 技术还可以促进建筑工程的顺利开展。BIM 技术

的发展是以数字技术为基础，是利用数字信息模型来对信息在 BIM 中进行储存的一个过程，这些储存的信息对工程建筑施工、设计和管理具有重要作用的信息，通过 BIM 技术实现对关键信息的统一管理，有利于施工人员的工作。BIM 技术的建筑模型技术，主要运用仿真模拟技术，这种技术即使面对的是一项复杂的工程，也可以快速地对工程的信息进行分析。BIM 技术具有的模拟性、协调性和可视性等特点，可以有效地对建筑工程的施工质量进行提升，降低施工成本。

绿色建筑设计。绿色建筑在我国近几年的发展中应用的范围越来越广泛，绿色建筑的发展源于我国以往的建筑行业发展和工业发展带来的严重环境污染和资源浪费，发展绿色建筑主要是希望建筑物在发挥其自身特性的同时，也能够达到节能减排的目的，是为了使建筑物在有限的使用寿命里有效地节约能源和减少污染。只有这样才能够提升人们的生活质量和促进人与建筑以及人与人的和谐发展。绿色建筑是一种建筑设计理念，并不是在建筑的周围进行一种绿色设计，简单来说，就是工程建设在不破坏生态平衡的前提下，能够有效地对建筑材料的使用以及能源的使用进行减少，发展的目的是以节能环保为主。

二、BIM 技术与绿色建筑设计的相互关系

BIM 技术为绿色建筑设计赋予了科学性。BIM 技术主要是通过数字信息模型来对绿色建筑中的数据进行分析，分析的数据不但包括设计数据，还包括施工数据，所以 BIM 技术的运用贯穿于整个建筑工程项目的始终。BIM 技术可以在市政、暖通、水利、建筑以及桥梁的施工中进行引用，在建筑工程中利用 BIM 技术，主要是为了减少工程建设的能源损耗，提高施工效率和施工质量。由于 BIM 技术的发展是以数字技术为基础，所以对数据的分析具有精确性和正确性的特点，在绿色建筑设计的数据分析中利用 BIM 技术进行分析，可以有效地使绿色建筑的设计更加科学化和规范化，绿色建筑设计经过精确的数据分析可以更好地达到绿色建筑的行业标准。

绿色建筑设计促进了 BIM 技术的提升。我国的 BIM 技术相较于发达国家，起步是较晚的，所以 BIM 技术的发展较为落后，BIM 技术在我国现阶段的发展处于探究阶段还没完全成熟，为了加强 BIM 技术的发展，就应在实际的运用中对 BIM 技术问题进行修整。因此，在绿色建筑设计中应用 BIM 技术可以有效地促进 BIM 技术发展的速度，由于绿色建筑设计的每一个环节都需要 BIM 技术来辅助工作和数据支撑，所以可以及时发现 BIM 技术在每一个环节中出现的问题。

三、基于 BIM 技术的绿色建筑设计

节约能源的使用。绿色建筑设计发展的要求就是做到对资源使用有效节约，所以说节约能源是绿色建筑设计发展的重要内容。在绿色建筑设计中，BIM 技术可以通过建立三维

模型来对能源的消耗情况进行分析，在对数据进行分析时，还可以根据当地气候的数据进行调整，这样就会对建筑结构分析得更精确，建筑结构设计具有精确性就会最大限度地避免出现建筑结构重置，在实际的施工中也可以减少工程变更问题的出现，因此可以最大限度减少能源的消耗。通过 BIM 技术还可以实现对太阳辐射强度的分析，这样就可以通过对太阳辐射的分析来获取太阳能，可以做到对太阳能的最大限度使用。太阳能为可再生能源，在绿色建筑中加大对太阳能的使用，就可以有效地减小对其他能源的使用率。

运营管理分析。建筑物对能源的消耗是极大的，而能耗的问题也是建筑行业发展所面临的严峻挑战之一，将 BIM 技术应用在建筑工程中不但可以有效地降低项目工程设计、运行以及施工中对能源的消耗，由于 BIM 技术具有独特的状态监测功能，还可以在较短的时间内对建筑设备的运行状态加以了解，对运营进行实时监管和控制。通过对运营的监管可以最大限度做到对使用能源进行减少，从而使得绿色建筑设计的经济效益最大化。BIM 技术还具有紧急报警装置，如果在施工的过程中有意外情况的发生，BIM 就会及时发出警报，从而使得事故损失最小化。

室内环境分析。在绿色建筑中利用 BIM 技术对数据进行分析，可以通过精确且高效的计算数据来发现建筑物设计中的不足，这样不但可以有效地提升建筑设计的水平，还可以最大限度对建筑物室内的环境、通风、采光、取暖、降噪等方面加以优化。BIM 技术对室内环境的优化主要是通过对室内环境的各种数据分析之后得出真实情况的模拟，再通过 BIM 技术准确的数据支撑，使设计者在了解数据之后通过门窗开启的时间、速度和程度等条件来对通风的情况进行改善，因此，BIM 技术的应用可以有效地对室内通风的状况进行优化。

协调建筑与环境之间的关系问题。利用 BIM 技术可以对建筑物的墙体、采光问题、通风问题以及声音问题等进行数据分析，在利用 BIM 技术对这类问题进行分析时，通常是利用建筑方所提供的设计说明书来对相应的光源、声音以及通风的情况进行设计，通过把这类数据输入 BIM 软件，便可以产生与其相关的数据报告，设计者再通过这些报告来对建筑物的设计进行改进，便可有效地对建筑物和环境之间的问题进行协调。

我国科技的不断发展在促进社会进步的同时，也使得 BIM 技术得到广泛的应用，为了满足社会发展的需求，我国的建筑行业正在向着绿色建筑方向发展。要使绿色建筑设计取得良好的发展，就需要在绿色建筑设计中融入 BIM 技术，BIM 技术对绿色建筑设计具有较好的辅助作用，有利于提升设计方案的生态性，并且还可以有效地改善建筑工程建设污染严重的情况。面对环境污染严重的态势，我国必须加大对绿色建筑设计的推广力度，并且积极地利用现代技术来优化模拟设计方案，这样才可以推动建筑设计的生态化和建筑行业的可持续发展。

第四章 绿色建筑的结构设计

第一节 绿色建材下的绿色建筑结构设计

随着我国社会经济水平的不断发展，社会环境随之改变，各行各业竞相进行理论和技术的创新，绿色建筑的结构设计工作当然也不例外。要想设计高效的绿色建筑结构，不仅要求对以往绿色建筑的设计实践进行归纳和分析，还要求结合当下国际上先进的设计理念，对建筑结构设计进行创新，从而最大限度地满足绿色、可持续发展的要求。绿色建筑的结构设计作为绿色建筑整体设计的关键环节，必然呈现快速发展的趋势。绿色建筑的结构设计者在遵循相关建筑规范标准的条件下，要有与时俱进的绿色理念，不断探索，创新更加绿色的建筑结构形式，打造绿色建筑结构体系。

近年来，城市雾霾等因素对人类的居住环境造成巨大的影响，给快速发展的现代化都市敲响了警钟，在这种背景下建筑设计者想象了城市建筑未来发展方向，从而提出了绿色建筑的概念。

一、绿色建筑结构设计中的基本原则

根据城市建设实际的需要，土木行业对绿色建筑设计的理念发生了巨大变化，建筑结构设计的形式变得越来越多。近年来，随着绿色建筑结构概念的提出，其可供选择的形式也开始丰富起来，这意味着绿色建筑结构的设计正走向成熟。绿色建筑结构总体设计要遵循诸多原则。

结构整体性原则。绿色建筑在设计之初就应该把自身定位成开放系统，与外部环境构成整体，以最大限度地追求环境效益，局部结构设计应当服从整体结构设计，施工上的难度应当服从长远能耗收益。在绿色建筑结构的选择上，土木设计师要综合考虑整个建筑的设计，结构设计应当与建筑整体效果相适应。很多建筑作品在这方面做得非常好。比如夏昌世教授设计的华南理工大学图书馆，夏氏遮阳完美符合窗体附近的结构等。

合理适中原则。绿色建筑结构设计不能忽视传统建筑设计中的合理适中原则。这个原则不仅体现在结构体系的合理上，还体现在经济成本的适中上。当结构设计的体系富余度

过大时，相应地就会增加建设成本，从而引发对建筑资源的浪费；当结构设计的体系富余度偏小时，相应地就会增加后期使用过程中的能耗。所以合理适中的结构既保障了建筑结构的安全，也减少了对建筑资源的浪费，尤其是对自然较为依赖的资源。

尊重自然原则。绿色建筑最显著的优势就是与周边环境的和谐性，二者之间高度地融合统一。绿色建筑结构设计中会把自然、生态的考量放在重要的位置，改变传统建筑设计中以自我为中心的错误意识。绿色建筑结构设计中每个环节都会尽量地做到与外部环境之间相和谐，建筑材料本身源自自然，所以优秀的建筑结构设计必然会回归自然，这也是第三代建筑理念的核心内容。

二、基于结构选型及结构设计的绿色建筑结构设计

建筑结构的选型。绿色建筑结构选型应该处在绿色建筑整体设计中更加关键的位置上，以确保建筑在自然共生构想下的可持续建造性。据调查，相对于传统建造体系而言，基于绿色设计理念的结构选型可以减轻建筑活动对周边环境的负担，并且在建筑维护中有着非常积极的意义。合理的结构选型有助于高效环保节能体系的构建，为建筑提供"绿色的框架"。

选择绿色的建材。绿色建材是建筑结构各项设计目标得以实现的物质基础，绿色建材的种类很大程度上决定了该建筑的"绿色化"程度。相同的建筑结构类型，使用绿色建材的方案必定会产生更加高效的"绿色"效果。绿色建材可以保障建筑运营中可持续的潜力。此外，绿色化的构成单元可代替性非常强，当建筑结构出现问题的时候，绿色建材可以及时便捷地替换。这样的特性有利于延长建筑的使用年限，同时降低建筑维修维护的频率及其成本。

合理选择绿色建筑节能技术。首先，对自然风的应用。设计绿色节能建筑过程中，若想满足居民的温度环境需求，就应该对自然风加以充分利用，依照不同季节风速与风向对建筑物进行合理规划，同时有效控制楼房间距，以有效控制自然风在设计绿色建筑过程中改变风向，尽可能增加自然风在夏季的流通面积与流量，避免建筑受到冬季自然风的直吹。

其次，保温设计的巧妙应用。随着近些年建筑外墙保温技术的迅猛发展，使得建筑保温设计也开始向绿色建筑设计方面发展。在高层住宅中，一般会在楼房屋面、外墙、柱以及主墙等施工环节应用保温技术，由此既能够使房子冬暖夏凉，同时保温设计也可以减少空调的使用，从而实现能源节约的目的。

再次，阳台设计。对绿色建筑阳台进行设计过程中，通常会选择不仅可以扩充高层建筑面积，而且还可以将遮阳区域提供给高层住宅的挑出式阳台，该阳台设计一方面可以实现资源节约目的，另一方面还可以充分发挥出其生态系统和建筑相平衡的重要作用。

最后，节能窗设计。随着建筑物高度的增加，建筑物所受到的风力及气压也在增大，而建筑门窗是最薄弱的区域，极易受到大气压与大风的影响。所以，绿色建筑设计通常会对高层住宅门窗有较高要求，要求节能窗具有隔音、防风、抗压、装饰、透光等功能，同时，安装节能窗，不仅可以有效降低能耗，而且也有效避免了光污染，同时也将噪声拒之室外。

绿色性钢结构的开发。钢结构拥有诸多优良的特点，是绿色建筑对材料的最优选择。其优异的抗震、力学性能使得其可以减少塑性变形的耗能。此外，钢结构建筑还具备重量轻、建设工期短、安装简单、易拆除、可重复利用等优点，高度符合绿色建筑的要求，是目前绿色建筑结构中使用的最佳形式，所以相关研究人员、学者应当加强这方面的研究。

开发更加先进的绿色结构建筑制图软件。近几年来，计算机技术的进步可谓是突飞猛进，极大地满足了各行各业对分析处理的需求。绿色建筑对结构计算的要求非常复杂，传统的结构设计理论及设计软件往往达不到设计的要求，这就引发了对新型建筑结构设计软件的需求。绿色建筑结构的力学模型极其复杂，很难完全把握结构构件的应力情况，这种情况导致了设计中很难精确地对绿色建筑结构目标进行效果分析。相关研究人员、学者应当加强这方面的研究，开发更加先进的绿色结构建筑制图软件。

随着城市雾霾等环境危机的加剧以及绿色理念的蓬勃兴起，绿色建筑理念作为第三代建筑思潮开始在行业内受到广泛的关注。绿色建筑指的并不是单纯地通过建筑内外部绿色植物的种植来完成的，它是一种节能的建筑设计理念。作为整个建筑工程设计中的关键部分，建筑结构设计的过程必须采取绿色的设计理念。本节以绿色建筑结构设计为中心，围绕结构选型、结构设计、绿色建材进行了分析和探讨，借以为绿色建筑结构设计的发展及创新提供相关参考资料。

第二节　绿色建筑结构选型和结构体系

每一栋独立的房屋都是由各种不同的构件有规律地组成的，这些构件从其承受外力和所起作用上看，可以分成结构构件和非结构构件。

一、房屋基本构件的顺序组成

结构构件。起支撑作用的受力构件，如：板、梁、墙、柱。这些受力构件的有序结合可以组成不同的结构受力体系，如框架、剪力墙、框架剪力墙等，用来承担各种不同的竖向、水平荷载以及产生各种作用。

非结构构件。对房屋主体不起支撑作用的自承重构件，如轻隔墙、幕墙、吊顶、内装饰构件等。这些构件也可以自成体系和自承重，但一般条件下均视其为外荷载作用在主体结构上。上述构件的合理选择和使用，对于节约材料至关重要，因为在不同的结构类型和结构体系里有着不同的特质和性能。在房屋节材工作中需特别做好"结构类型"和"结构体系"的选择。

二、建筑结构不同材料组成的"结构类型"

砌体结构。其材料主要有砖砌块、石体砌块、陶粒砌块以及各种工业废料制作的砌块等。建筑结构中所采用的砖一般指黏土砖。黏土砖以黏土为主原料，经混料处理、成型、干燥和焙烧制成。黏土砖按其生产工艺可分为机制砖和手工砖；按其构造不同又可分为实心砖、多孔砖、空心砖。砖块不能直接制成墙体或其他构件，必须将砖和砂浆砌筑成整体的砖砌体，才能形成墙体或其他结构。

砖砌体是我国目前应用最广的建筑材料。和砖类似，石材也必须用砂浆砌筑成石砌体，形成石砌体或石结构。石材易于就地取材，在产石地采用石砌体较为经济，应用广泛。砌体结构能就地取材、价格低廉、施工比较简便。这种结构强度比较低，自重大、比较笨重，建造的建筑空间和高度都受到一定的限制。

木结构。其材料主要有各种天然和人造的木质材料。这种结构简便，自重较轻，建筑造型和可塑性较大，在我国有着传统的应用优势。这种结构，需要耗费大量贵重的天然木材，材料强度也比较低，防火性能较差，建造的建筑空间和高度都受到很大限制。

虽然天然林是生物多样化的宝库而需要特别保护，但是对许多人工林，却必须以木造建筑市场来促进其可持续经营。

（1）贮存效果。木构造建筑在居住环境上也有很大的好处。例如原木所具有的自然纹理、柔和色泽、冬暖夏凉的亲和力是其他建材所无法取代的，同时木材有充分的毛细孔，有良好的调湿作用，对人体健康有益。木构造无污染，是回收率最高的建材，其生命周期长。木造建筑是最环保的生态建筑。

（2）提倡轻钢构木造住宅。对于大型公共建筑所推荐的木造建筑，是以原木或集成材结构来兴建的体育馆、礼堂、美术馆、文化中心等大跨距建筑，是结合金属联结构件的现代木质构造建筑，其重点在于展现温馨、自然、健康、人文的木构造建筑文化。

钢筋混凝土结构。钢筋混凝土结构其材料主要有沙、石、水泥、钢材和各种添加剂。"混凝土"，是用水泥做胶凝材料，以沙、石子做骨料与水按一定比例混合，经搅拌、成型、养护而得的水泥混凝土，在混凝土中配置钢筋形成钢筋混凝土构件。

这种结构的优点是，材料中主要成分可以就地取材，混合材料中级配合理，结构整体强度和延展性都比较高，其创造的建筑空间和高度都比较大，也比较灵活，造价适中，施工比较简便。这是当前我国建筑领域里采用的主导建筑类型，这种结构的缺点是结构自重相对砌体结构虽然有所改进，但还是相对偏大，结构自身的回收率比较低。

钢结构。其材料主要为各种性能和形状的钢材。这种结构的优点是结构轻，强度高，能够创造很大的建筑空间和高度，整体结构也有很高的强度和延伸性。在现有环境下，符合大规模工业化生产的需要，施工快捷方便，结构自身的回收率也很高，这种体系在我国是发展的方向。这种结构的不足是在当前条件下造价相对比较高，工业化施工水平也有比较高的要求。

三、支撑整个房屋的"结构体系"

结构体系是指支撑整个建筑的受力系统。这个系统是由一些受力性能不同的基本构件有序组成，如板、梁、墙、柱。这些基本构件可以采用同一类或不同类别（组合结构）的材料，但同一类型构件在受力性能上都发挥着同样的作用。

抗侧力体系。抗侧力体系是指在垂直和水平荷载作用下主体结构的受力系统。以受力系统为准则来区别。

平面楼盖。平面楼盖主要是把垂直和水平荷载传递到抗侧力结构上去，其主要类型按截面形式、施工技术等可以分成以下类型：

实心楼板：包括楼板和无梁平板。这是我国采用的常规楼板结构类型，比较简便，跨度适中，但其用材多、自重大。

空心楼板：包括预制和现浇空心楼板。预制空心楼板的工业化程度高，但跨度较小。现浇空心楼板施工相对复杂一点，但其自重轻，跨度较大。

预应力空楼板：采用预应力技术的预制和现浇空心楼板。和同类非预应力楼板相比，自重更轻、跨度更大。由于采用预应力技术和空心技术，楼板结构更轻，跨度更大，节约材料的效果显著。

建筑基础。在主体结构中，楼板将荷载传递至抗侧力结构，抗侧力结构再传递至基础，通过基础传递至地基。房屋基础起到了承上启下的关键作用。

（1）独立柱基和条形基础，可由灰土、砌体、混凝土等材料组成。主要应用于上部荷载较小的中低层房屋基础。其施工简便、造价低廉，但承载能力和抗变形能力有限。

（2）筏板基础，由钢筋混凝土基础梁板组成的筏板体系。承载能力和防水能力都比较高，在高层建筑里应用较多。

（3）箱形基础，由钢筋混凝土墙板组成的箱形体系。基础整体性较好，承载能力强、变形较小，防水性能也好，在高层建筑和荷载分布不均、地基比较复杂的工程中应用较多。

（4）桩基础：条形、筏板、箱形基础的荷载通过支撑在其下面的桩传至地基的受力机制。桩可以由各种材料组成，如灰土、沙石、钢筋混凝土、钢材等。这种基础承载能力很高，基础变形很小，可广泛应用于高层、超高层、大跨度建筑，还可用于地基复杂、荷载悬殊的特殊条件下的工程，但成本较高，施工复杂。

总之，在确定房屋的结构类型和体系时，应充分考虑技术进步和发展的影响，优先选择那些轻质、高强、多功能的优质类型和体系；每栋房屋的具体环境和条件非常重要，节材工作要遵循因地制宜、就地取材、精心比较的原则实施。

第三节　绿色智能建筑集成系统的体系结构

一、我国建筑节能的目标

人类建筑活动是对自然环境和资源影响最大的活动之一。特别是随着社会经济的发展和人口的快速增长。房屋建筑、商用建筑等需求的不断增加，建筑工地垃圾，木材和能源的使用不仅大大地消耗着我们的资源，而且影响着大自然的生态环境，自 20 世纪以来建筑方面的消耗占世界能源消耗总量的一半以上。因此，在全球能源危机，绿色和节能等环保观念的影响下，建筑节能是重中之重也是当务之急。在 1992 年的联合国环境与发展会议上，绿色建筑的概念首次被明确提出，并逐步发展成为一个结合舒适、健康和环境的建筑节能的研究系统，得到了广泛的推广与应用，如今已成为世界建筑发展的主流方向，并在发达国家取得了良好的效果。中国也非常重视绿色建筑的推广和实践，并呼吁全社会通过制定相应的支持和激励政策参与绿色建筑活动。根据国家有关政策，中国建筑节能的目标基本上需要通过两个步骤来实现。建筑节能目标的第一阶段：从 2005 年到 2010 年，建筑节能和绿色建筑全面启动 50 个平均节能率，沿海地区和主要城市需要在此基础上达到更高的标准。建筑节能第二阶段：从 2010 年到 2020 年，建筑节能标准应进一步提高，实现平均节能 65%，节能率约为 75%。

人们逐渐意识到资源浪费、环境污染和温室气体排放等问题，而地球的自然生态环境日益恶化。同时，信息技术的不断创新和快速发展也为节约能源、保护环境、减少排放、实现新能源应用、节能、环保、高效提供了新的技术手段。高质量的工业生产是可能的。因此，来自世界各地的许多见解，例如建筑领域提出的绿色建筑和智能建筑的概念，都是保存和保护我们的后代生活的地球的绝佳解决方案。绿色智能建筑完全体现了人体建筑技术与智能技术的完美结合，将现代绿色建筑的基本要素与智能建筑技术相结合。

二、智能建筑信息集成系统架构

基于三层架构（应用和表示层，数据处理层，数据访问层），智能建筑信息集成系统应用分为表示层、业务逻辑层和数据存储层、数据处理层、接口层。

三、智能建筑信息集成系统在节能方面的体现

智能建筑信息集成系统在节能中的体现。绿色环保、节能减排的概念近年来逐步实施，因此使用清洁能源，延长设备的使用寿命，可以适当地合理分配能源和减少人类消费。建议建筑信息集成系统从环保节能的角度出发，基于监控阈值并行设备的传统简单联动调度外，还需要体现下面几个方面：

（1）基于各种模型和算法的分析结果进行调度，即基于一个或多个切换量或模拟量的简单模式改变，改变设备启动/停止控制模式，以及多个子模式即使在分析外部系统信息之后，系统间集成组合数据分析也执行一系列设备调度以实现全面分析。

例如，除了温度控制检测目标之外，空调系统还结合天气条件、季节变化、建筑面积、室内居住者信息等控制阻尼器开度和空调出口温度设置来执行不同的操作。选择一个型号，努力提高室温和通风舒适度，同时通过参数、新风等系统和设备提高系统运行的能效比，合理部署。例如，在商业建筑的情况下，通过组合各种检测技术，例如RFID识别和传感器识别，根据室内会议室的无人区域的信息，通过与资产管理系统相关的会议安排风扇可以自动启动和停止，切换照明模式以及打开和关闭，以避免浪费能源。

（2）智能设备运行管理。优越的设备信息集成系统有效地进行在线设备检测，结合设备和运行特点，合理扩展设备维护，运行时间和运行负荷，保持最佳运行方式和设备状态。从设备生命周期的角度，减少维护工作量，减少设备损失，延长设备寿命和减少人员的劳动强度，它被认为是节能减排的一种有效形式。

四、系统集成是绿色智能建筑的关键技术

绿色智能建筑的系统集成意味着所有子系统通过充分利用各种子系统和技术的特点，集成设计来协同工作，相互限制并相互联系。为了弥补这些缺点，建筑物之间的建筑成本和舒适度达到最佳，同时减少系统投资，显著降低建筑能耗。系统集成技术的集成最大化了绿色智能建筑的智能技术和绿色技术的优势，是绿色智能建筑的关键技术和核心。

总而言之，绿色建筑与智能建筑的融合是社会经济和科技发展的必然趋势，必将成为建筑业发展的重要主题。

绿色智能建筑完全体现了建筑技术与智能技术的完美结合，将现代绿色建筑的基本要素与智能建筑技术相结合。

第四节 生态环保与绿色建筑结构设计

随着时代的发展，绿色环保观念被越来越多的人认可，也融入了更加广阔的社会行业中，在建筑项目施工的过程中，绿色环保理念的融入迎合了时代发展的大背景。本节针对如何将生态环保理念融入绿色建筑结构设计进行探讨，力求建立完善的体系。

一、绿色建筑设计意义

随着社会经济的不断发展，我国对各行业可持续发展的重视也在不断提高。建筑行业作为建筑规模较大、使用资源较多的一个重点行业，必须要积极响应国家制定的节能环保政策理念，然后在建设过程中通过应用绿色建筑设计理念，促进我国社会经济的可持续发展。对于绿色建筑设计而言，必须要得到相关主管部门的相应支持，这样能使其在市场竞争中占据更多的经济优势，从而增加建筑行业的整体经济效益，帮助提高建筑施工企业的社会知名度，有效地降低施工工程的整体成本，通过不断扩大绿色建筑设计范围，从而提高生态建设的效果，为我国生态经济做出重要贡献。

因此，绿色生态建筑结构设计在实际的应用过程中具有非常重要的意义，不仅能与可持续发展战略建设形成一致性，还能真正地提高市场竞争水平，同时通过不断优化各项绿色建筑设计方法，提高施工成本的控制效果，降低经济成本。

二、绿色生态建筑设计原则

和谐原则。绿色建筑生态经济性设计原则中，必须要满足人们对于建筑功能需求，还要与社会自然和谐发展的原则相统一。对建筑工程进行绿色结构设计，不仅能使人们的日常生活质量得到提升，还能满足人们健康、舒适的生活要求，所以必须要充分考虑人与自然和谐发展的基本原则。

适地原则。在绿色建筑的生态节能设计上，还需对适地原则进行有效遵循，从而使建筑工程设计更加符合社会经济发展的要求。

因此，在建筑工程自然条件的设计过程中，要充分考虑实际施工场地的不同要求，拿出相应的施工环境设计要求，真正达到绿色建筑的节能设计水平。

经济原则。对于绿色建筑生态节能进行设计，主要是有效地保证对社会资源的过度消耗，从而达到能源节约的目的，切实提高社会资源的利用率，减少对生态环境的污染，这也非常符合我国目前的发展战略要求。

高效原则。绿色建筑结构设计与传统的建筑结构设计相比，其在各方面的效率上都有非常大的提升。绿色建筑设计不仅能保证建筑施工质量，还能为人们提供一个环保、舒适的居住环境。通过在设计中应用更多绿色科学技术，提高施工效率与整体经济性，真正对我国未来建筑行业的发展提供有效保障。

三、基于生态经济的绿色建筑结构设计方法

生态环保理念在绿色建筑选材中的体现。在建筑结构设计过程中，整个建筑工程的选材工作具有非常重要的意义，正确的材料选择能增加建筑工程的寿命与质量。因此，在绿色建筑的材料选择时，必须结合整个建筑施工实际情况来进行，从而达到提升建筑工程质量与寿命的目的。

（1）随着我国社会经济的快速发展，建筑材料厂商为了能满足国家的要求进行相应的材料质量提升，对材料的成本进行了下调，并且很多厂商为了降低运输成本，还在各地建立分厂，从而让建筑企业对建筑材料有更多的选择。

（2）实际施工过程中，很多施工企业为方便施工，混凝土的搅拌都是现场完成，这样虽然提高了施工的效率，但是很容易对生态环境造成破坏，不仅污染了大量的水资源，还会产生严重的粉尘。因此，在绿色建筑施工时，必须要加强对施工材料的制拌设计，从而缓解现场制拌混凝土造成的环境污染问题。

构建生态环保型建设方案，减少施工能耗。在进行绿色建筑的设计时，很多的设计人员都将建筑工程项目外部美观及使用寿命作为考虑的重要选项，但是对建筑工程的生态经济造价问题却不够重视。因此，在绿色建筑结构设计时，要对建筑项目进行认真分析，从而降低施工能耗标准，如可在建筑工程中加大对部分可再生能源的利用，这样可减少成本投入，还能起到一定的环境保护作用。通过将生态环保理念的融合，使得在建筑工程结构设计上更具有经济性，不仅满足了整个建筑工程的各项要求，还能降低建筑成本投入，使其符合我国可持续发展战略需求。

绿色建筑结构中的景观设计。在绿色建筑结构设计时，对于建筑景观设计也是一个新型设计理念。通过加强绿色房屋建筑结构设计中的景观设计，使人们能感受到建筑融入周围环境中，真正增加了房屋建筑的居住舒适性。所以，设计人员需对当地的气候环境、地理位置等进行了解，然后在设计时才能让房屋建筑与周围环境保持协调，确保在房建结构设计时，针对整个建筑生态经济性要求加以相应考虑，从而更好地融合房屋建筑外观与周围环境。通过在房建设计中增加绿色景观，改善房屋居住环境，降低对土地资源的浪费，保证了绿色生态经济的持续发展。此外，要根据房屋建筑绿色设计的标准对整体环境进行有效的控制与优化，从而以精准设计来避免各种资源不平衡问题的发生，真正提高房屋建筑工程的绿色结构设计的有效性。

以项目使用寿命为前提，最大化降低使用及维修成本。基于生态经济的绿色建筑结构设计过程中，必须要重点关注整个房屋建筑项目的使用年限与后期维修成本情况。因为建筑项目的使用寿命是保证建筑使用性能稳定性的重要基础条件。

如果对建筑使用寿命的设计年限较长，那么后期项目的维修与重建也需要花费更多资源及资金来支持，并且对整个房屋建筑项目进行维修过程中，还会产生一些城市建筑垃圾，这会对整个生态环境造成一定的破坏。

为此，必须要在项目设计时增加项目的使用年限，降低后期的维修频率，这样不仅能有效节约资源，还能减少建筑垃圾对环境产生的污染。

此外，为能充分地体现出生态经济的发展理念，设计人员还要尽可能提高建筑工程的可改变性，实现在建筑结构自身可负载能力范围内有适当变化设计，从而有效降低项目使用中的后续维修成本。

总之，随着社会经济不断发展、我国建筑工程规模的不断增加，未来能降低施工中对能源问题的消耗，在建筑施工时进行绿色结构设计，不仅能提高施工质量，同时还能减少资源浪费，对社会资源的优化配置有着非常重要的作用。

第五节　绿色建筑节能设计中的围护结构保温技术

绿色建筑是当前世界建筑业发展的趋势。据统计样本数据显示，通过《绿色建筑评价标准》认证的建筑中，绿色技术和产品应用数量频率最多的为节能方面。其中，围护结构保温技术在所有项目中均有使用。本节主要从墙体、屋面、窗三方面系统阐述围护结构保温技术的主要形式、内容及应用。

全世界范围内环境污染现象层出不穷，建筑绿色可持续发展的重要性逐渐得到重视。20世纪90年代，绿色建筑概念引入中国。

我国现在城镇化发展增速，建筑业推动着经济的发展，改善着人民的生活，但与此同时，建筑生产活动带来的环境污染与能源消耗问题也是巨大的。数据显示，当下建筑能耗占总能耗的30%～40%。我国现有建筑及每年新建建筑大多为高能耗建筑。我国大部分采暖地区外围护结构保温隔热性能相比气候相近的发达国家较差、建筑节能状况落后，应用围护结构保温技术是我国发展绿色节能建筑的关键。

一、外墙保温技术

由于建筑外墙大面积直接面向外部环境，其热损失占建筑物总能量损失的绝大部分，因此有效减少建筑外部环境对内部环境的影响，保证室内温度趋于稳定的关键就是对墙体进行节能优化，即应用外墙保温节能技术。

外墙保温做法。从保温材料的敷设位置可以分为外墙内保温和外墙外保温两种形式。

内保温技术，即保温材料敷设在外围护结构墙体内侧。优点在于对保温材料自身耐候性和防水性要求低；不影响对墙体外饰面材料的选取与施工。缺点在于外墙楼板处由于无法敷设保温材料会形成冷桥；影响室内装修并减少内部使用面积；不利于后期修复。

外保温技术，即保温材料敷设在外围护结构墙体外侧。优点在于可保护外围护结构减少受到外环境的损害；对维护结构包裹完整，有效减少冷桥产生，冷凝问题得到控制；利于室内装修。缺点在于，室外作业不易施工；保温材料选取需考虑外饰面材料与结构构造。

外保温技术的保温隔热性较好，使得建筑整体性较高，项目中多采用墙体外保温技术。外保温技术类型包括外挂式外墙保温技术、EPS\XPS板抹灰施工技术、聚苯板和墙体一次性浇灌技术。

新型墙体材料结构类型。混凝土作为多数建筑主要材料，保温性能不足。新型墙体材料具有质地轻、强度高、保温、节能、节土、装饰性强等优良特性，有空心黏土砖、混凝土制品、煤矸石烧结制品、粉煤灰制品、自保温砌块等。

二、面保温技术

建筑屋面的保温隔热措施对于改善室内热环境和节约建筑能耗具有重要意义。室内由于冷气下降、热气上升，最终作用在屋面上，室外屋面也是建筑外围护结构承受温度最高的地方。屋面存在结构热阻不够和产生热桥问题，所以建筑屋面的构造形式及保温隔热材料性质是节能的关键。

倒置式屋面技术。倒置式屋面常应用于平屋顶建筑中，即在屋面构造中将保温层置于防水层上部，同时在保温层上部铺设砾石或混凝土砌块。相对于将保温层置于防水层下的传统做法，可以保护防水层延长其使用期限；有利于保温层和下部找平层内的水分和蒸汽排除，防止保温层吸水降低保温效果，保温材料需满足吸水率低。

高反射率饰面技术（冷屋顶）。节能降温涂料可避免太阳光的热量在物体表面累积升温并自动辐射热量散热降温，有效降低物体表面温度。其中高反射涂料可反射太阳光中95%的可见光和90%的红外线，总反射率达89%，远高于市场同类产品。

种植屋面。大量硬质铺装会引发环境问题。种植屋面，夏季可作为隔热层，冬季起到保温层的作用，均在一定程度上减少建筑能耗。

种植屋面分为覆土栽培屋面和无土栽培屋面。覆土种植屋面是在屋顶上铺100mm左右厚的覆土，其上种植绿化植物，因此会增加屋顶结构荷载，造价提升。无土种植屋面指铺盖硅石、营养锯末等材料，具有质轻、松散、透水性好的优点。对于保温隔热效果，无土种植屋面要优于覆土种植屋面。另外，研究发现叶片面积较大，基质层厚度增加，基质层含湿量增加均可增强种植屋面的保温隔热性能。

吸湿被动式蒸发隔热屋面。吸湿被动式蒸发隔热屋面是利用吸潮剂和释放吸潮湿的空气，利用液气相变储水，实现储热功能，通常采用膨胀珍珠岩作为吸潮剂，具有吸湿性能好、经济、保温、隔热能力强的优点。

蓄水屋面。水具有良好的隔热性，蓄水屋面即在屋面蓄积一定厚度水层来吸收太阳辐射热，降低屋面及室内温度，屋面水深以 20cm 为宜，屋面坡度不宜超过 5%。蓄水屋面可有效降低 2 ~ 5℃，具有简单、经济、环保的优点。缺点为夜间难散热，屋面荷载增加，增大屋面渗漏可能性，水质易恶化。

架空隔热屋面。架空屋面即在屋面防水层上采用薄型制品架设一定高度的空间，起到隔热作用。薄型制品一般采用钢筋混凝土薄板，支设方法一般采用半块黏土砖砌砖墩，适于通风较好的平屋顶，不宜在寒冷地区采用。

三、节能外窗技术

外窗能源消耗占据建筑总能源消耗的 1/5。外窗保温隔热效果受当地气候、窗墙比、窗框及玻璃材料选择的影响。

外窗节能方式。

玻璃材料的改善。

（1）改变玻璃材质：玻璃中加入化学元素改变其颜色，可削弱部分阳光热量，适用于光照强、气候炎热的地区。

（2）玻璃表面镀膜：应用最多的是热反射玻璃和低辐射玻璃。热反射镀膜玻璃，可有效降低玻璃的遮阳系数，反射率高，热反射玻璃在幕墙上应用广泛；低辐射镀膜（Low-E 玻璃），采光性能好，热加工及化学性能稳定，具有成本低、生产效率高的优势。

（3）高性能中空玻璃：由两层或多层普通玻璃构成，中间填入干燥空气或惰性气体，四周用高气密性黏结剂密封。可以拦截太阳辐射到室内的部分能量，避免引起目眩，节能效果优良。

（4）真空玻璃：保温隔热。同时，可有效减少空调电耗，减少温室气体排放，防止结露，有效隔声降噪，并且应用不受海拔限制。

窗框材料的选择。

（1）铝合金窗框：应用广泛，具有轻便、加工性能良好、耐用性强的优点。由于铝合金热导性好，寒冷地区铝合金窗框快速传递低温，与热空气凝结成水，可采用断热型材解决此问题。

（2）复合材料窗框：保温隔热性能优良、耐腐蚀、强度高。一般面材采用金属合金，基材为塑料，内框为实木。

（3）木制窗框：保温隔热性能十分优良，用药水浸泡、表面刷防潮物质方式解决其易腐蚀、虫蛀的问题。

加设遮阳设施。遮阳系数为影响外围结构保温隔热性的最大因素，建筑遮阳可以改善室内光热环境质量，降低空调能耗。遮阳组件材料种类较多，包括混凝土、木材、金属材料等多种材料。遮阳技术有双层立面、智能玻璃幕墙、自动遮阳组件等。

窗户开启方式选择。

（1）推拉式：采光性能好，通风性能不足，密封性差，保温隔热性能一般。

（2）平开式：通风性、采光性、密封性良好，内开清洁方便占用空间，外开相反。

（3）上悬式：保温隔热效果最佳，通风性一般，打开尺度小。

就节能效果而言，平开窗和固定窗都属于节能建筑外窗的范围，固定窗的保温效果要优于平开窗。新型外窗结合推拉和平开两种方式，效果最佳。

合理设计窗墙比。在满足通风和光照的前提下，窗墙比越小保温隔热的效果越好、节能效果越佳。控制窗墙比设置保温窗帘和窗板更为有效。窗墙比应根据规范并结合当地情况进行适当调整。

建筑节能是绿色建筑的基础，建筑节能设计，要根据用户需求，结合当地气候特征、经济现状、文化传统，充分利用可再生资源、新兴材料、新兴构造方式、新兴施工建造技术以及合理的设计手法，构筑宜人的室内环境与和谐的室外环境，尽量把能耗、污染最小化。

第六节　绿色建筑的高层剪力墙结构优化设计

随着我国社会经济的快速发展，建筑行业也得到了迅猛的发展。但由于我国人口众多、土地资源有限，还有对于资源节约型、环境友好型社会的建设需要，越来越多的绿色高层建筑成为主要的建设类型，也成为当代城市最为常见的建筑类型。同时对其施工质量以及绿色环保的要求也在不断地提升，特别是剪力墙结构优化设计能够有效地提升高层建筑的安全性和质量。本节主要对绿色建筑的高层剪力墙结构的优化设计进行研究。

剪力墙结构作为多种建筑墙体结构设计中较为常用的设计方式，主要是将具有良好的牢固性以及凝固性的混凝土与钢筋结构作为基础内容，对建筑底层所进行的设计，此外还在建筑的上层设计了多层砌体的结构。而在结构中，上层多层砌体结构的设计施工也是整体环节中最为关键的内容，同时还需要确保其绿色环保型，这样才能促进建筑企业可持续的发展。

一、绿色建筑和剪力墙结构的概念

绿色建筑的概念。绿色建筑，其实就是说在建筑施工使用的期限内，尽量避免其对资源和生态环境产生较大的压力，从能源开始，实现对土地、水电以及材料的节约，这样在保证污染减小的同时，就能够实现促进生态环境可持续发展的根本目的。在此基础上还能够满足人们对于居住需求的不断提升，实现和自然生态环境的和谐相处，因此这些建筑物就被叫作"绿色建筑"。其中，"绿色"的理念不仅仅是对于绿色植被量需求的增加，还要保证环境无害，并主要将生态友好以及环境节约型的建筑理念得到充分发挥。为了促进我国资源等的可持续发展，我国也开始重视绿色建筑行业的发展和进步。

剪力墙的概念。剪力墙结构其实从本质上来说就是钢筋混凝土墙板结构，由于其具有较高的强度，因此利用这种墙体结构将传统的梁柱的框架结构进行替代，则在有效的承受多种荷载内力的情况下，还能够实现对于结构水平力的有效控制。所以这种结构也较多地应用在了需要减少负荷和自重的高层建筑中。剪力墙截面的主要特点表现为：墙体的肢长与其厚度远高于其承载能力，同时刚度的平面比较小，承载能力与刚度差异则大。而剪力墙结构在其设计过程中，剪力墙的平面上还会受到剪力与弯矩的作用。剪力墙在风荷载以及地震的作用下要求，一方面要提升其刚度，另一方面还要使其非弹性变形的重复效应以及耗能、延性等要求得到满足，同时还需要有效控制其结构，保证高层建筑的质量。

二、高层剪力墙结构设计的基本原则

较多使用一般的剪力墙。在优化高层剪力墙结构的过程中，应该尽可能地应用普通的剪力墙，从而降低短肢剪力墙与小墙肢的数量，设计中要将结构竖向与水平向的刚度以及承载力进行合理的分布，这样能够保证剪力墙的墙肢截面要高于规范要求的 8 倍墙厚。同时，还要依照建筑平面的实际使用功能，将其设置为"L"形、"T"形的剪力墙，这样在提升其结构稳定性的同时，就能使其形成良好的侧向刚度。

合理设置剪力墙的数量与刚度。剪力墙作为抗震设防的首要防线，剪力墙的刚度则是建筑物整体抗震的关键部分，合理的刚度可以保证建筑的稳定性，从而对地震的水平力作用产生抵抗力，避免建筑出现严重的水平位移与振动。这就要求对于结构的剪重比要有效地进行控制，还要尽量地减少剪力墙的布置，将大开间剪力墙布置作为基本目标，在保证其侧向刚度适宜性的同时，使其最小剪力系数在规范值范围内。在促使结构自重减轻的同时，减少地震的作用例，能够降低工程造价，获得良好的经济效益。

有效控制墙肢长度的差异性。在剪力墙的结构中，剪力墙应该按照主轴方向以及其他方向双向布置，但需要避免进行单向的剪力墙的布置，还应该使两个受力方向的抗侧刚度相接近，刚度则能实现均匀分布，提升其整体的协调受力能力。而在建筑的布置方案时，则要保证墙肢长度的一致性，这样能够避免其出现过长或者过短的剪力墙，在受力均匀分布的情况，则能够保证地震的作用被剪力墙合理地分配。

对剪力墙的开洞进行处理。在高层住宅的剪力墙结构中，除了根据建筑功能设置门窗洞外，还需要根据实际的方案和结构对结构洞进行调整。剪力墙整片不宜做太长，应开洞采用弱连梁进行连接，太长剪力墙刚度太大，吸收地震力大，若此墙体损坏了，对整体抗震性能影响太大，破坏力大。应分散布置墙体，保证各片剪力墙可以均匀分配地震作用，同时控制各墙肢轴压比，使各墙肢轴压比在竖向荷载作用下尽量靠近相应结构抗震等级轴压比限值，通过调整洞口的大小和连梁的高度来调整连梁配筋量，避免出现连梁超筋导致配筋困难。

三、优化高层建筑剪力墙结构设计的措施

调整改善层结构的设计。在高层建筑的设计过程中，转换层的刚度和过渡层的质量得到了提升，对转换层本身以及刚度的上下比进行调整，具有重要意义。转换层的刚度与质量不能过大，在水平力的作用下，进行精确的空间分析后，要使其转换层附近的层间位移角一致。其次，则要对较低的刚度与重量的过渡层结构进行选择，并对振动模态的数目加以确定。并分析其可能存在的薄弱环节，通过对其内力分布特性的研究，调整其内力与构件，保证薄弱部位性能的有效提升。

降低独立小墙肢和剪力墙的刚度。在我国的建筑设计中，对剪力墙的截面大小进行了明确的规定，要求独立的矩形墙肢截面的高度要超出截面宽度五倍以上。而要想避免太大的独立墙体刚度的缺陷的出现，通常会使用合并洞口的设计，抵消强度；也可以通过对剪力墙布局设计的改变实现，就是要将墙体的边缘处设计为独立的小墙肢，之后使用恰当的钢筋结构，实现剪力墙受力状态的整体优化。

剪力墙厚度的有效控制。想要提升高层建筑的抗震能力，就需要提升剪力墙的抗震性能，例如能够预防八级地震的建筑，其剪力墙的抗震强度最少要达到二级。厚度的规范能够有效地避免墙外平面刚度出现过小的现象，降低其稳定性，同时防止其偏心载荷出现偏移。

对连梁设计进行优化。关于剪力墙的连梁设计方面，建筑行业也给出了官方的规定。对于高跨比大于或小于 2.5 的大跨截面剪力的承载力与加固方面有着不同的规定，同时其配筋也有区别。而想要减少剪切设计的值要求对其连梁采取塑性调整的措施。通常在进行内力计算时，对梁的刚度进行折减，或者是将梁弯矩与剪力值结合并乘以折减系数来实现。

优化设计剪力墙底部的加强墙。高层建筑本身的自重是非常大的，因此剪力墙自身的承载力是不能满足其实际的承重需求的，这就要提升剪力墙的承重能力，也就是在其底部位置设计加强墙。由于剪力墙的底部存在特殊的结构保证了其承载力，就要对其高度问题优化设计。而想要提升剪力墙的约束力，则需将其缘部件和底部进行固定。

综上所述，随着社会对生态环保理念的重视，以及土地资源的不断缩减，我国的建筑发展趋势正在向绿色环保高层建筑的方向发展。在这样的背景下，对建筑安全性也提出了更高的要求，由于剪力墙结构具有强度高且轻便的优势，也在绿色高层建筑的实际施工中

得到了广泛的应用。但还需要持续地对剪力墙结构进行深入的研究分析，从而保证其应用水平的有效提升，在满足城市发展和居民需求的同时，促进建筑产业的快速发展。

第七节　绿色装配式钢结构建筑体系及应用方向

随着城镇化步伐的不断加快，建筑领域得到了长足的发展，技术水平随之得到了明显的提高。目前，由于人们环保意识的不断提高，绿色装配式钢结构建筑日益得到了广泛的关注和重视，而传统的建筑体系已经不能够满足现代建筑领域发展的要求，绿色建筑体系必将引领我国未来发展的主要趋势。众所周知，装配式钢结构具有材质轻、资源利用率高的显著特征，且能够实现高效的循环生产，装配式钢结构的发展模式奠定了绿色建筑的有效推广，充分实现了资源的循环利用，具有显著的环保效应。

改革开放以来，我国经济持续保持了高水平的发展模式，建筑规模和建设水平得到了显著的提高，绿色建筑的概念应运而生，装配式钢结构建筑体系是绿色建筑的重点组成结构，已经成为建筑领域的重点发展方向，在建筑领域中发挥着重要的导向作用。值得注意的是，在绿色装配式钢结构建筑体系应用时，应该兼顾企业的经济效益，不断地对建设技术完善和革新，适应环保的可持续发展需求，进而为我国绿色装配式钢结构建筑体系的长远发展奠定坚实的基础。

一、绿色装配式钢结构建筑体系

绿色装配式钢结构体系通常是由不同类型的钢结构材料组成的，在 21 世纪科学水平不断发展的推动下，建筑领域的钢结构组成模式已经发生了翻天覆地的变化，和传统的钢结构体系对比，可以发现绿色装配式钢结构体系具有显著的结构和技术优势，具体主要体现在以下几点：①绿色装配式建筑体系能够对建筑的建设起到全面优化的作用，进而显著地降低施工的工程量，节省建筑工程的投资成本，并且还能够有效地提高建筑工程的施工效率和建设质量；②绿色装配式钢结构采用的建设材料的稳定性相比传统建筑具有更大的优势，能够显著地提高建筑工程的质量，从根本上保证建筑工程的安全性，还可以延长建筑工程的使用寿命；③与常规的传统建筑结构相比，绿色装配式钢结构的使用密度大大地降低，降低了建筑工程的施工成本，减少了施工企业的人工、材料和机械台班投入的比例，实现了良好的经济效益；④绿色装配式钢结构建筑体系具有良好的环保效益，不仅能够实现对钢结构的合理使用，还能够优化钢结构组成体系，进一步降低建筑工程投资成本，兼顾环保效益和经济效益。

二、绿色装配式钢结构体系的研究

具有较好的结构强度，抗压能力好。站在建筑工程结构分析的角度，建筑工程的钢结构和混凝土结构并没有明显的差别，但是由于钢结构本身具有较好的抗压性能和抗拉性能，使其在建筑工程领域得到了广泛的应用，特别是现在的大型建筑工程一般均采用钢结构体系，实现良好的建设效应。钢结构在建筑工程领域的使用能够满足人们对居住空间的高标准需求，使得建筑工程的布局更加简便化，具有良好的视觉效应。

具有良好的再循环使用效应。在建筑工程竣工后，也就意味着钢结构体系的顺利完工，如果采用绿色装配式钢结构建筑体系，就能够实现钢结构的循环利用，根据最新的研究报告：采用绿色装配式钢结构建筑体系能够实现钢结构的循环利用率高达75%，不仅显著地实现了资源的循环使用，还能够极大地减少建筑垃圾堆放量，据不完全统计，与常规混凝土建筑相比，建筑工程垃圾量可以减少约65%，碳排放量减少约45%，实现较好的环保效应。

模块化的发展模式。绿色装配式钢结构建筑体系主要是以轻型材料为主要的建设原材料，这种建筑原材料的工程造价相对较低，并且具有安装简便的巨大优势。由于绿色装配式钢结构建筑体系采用了工厂化的钢结构质量管理模式，从钢结构制造阶段开始，都要求建设人员对钢结构产品进行更为严格的质量把关，更要保证钢结构质量符合国家和行业的发展标准，正是由于实行上述严格的质量把控，切实地提高了绿色装配式钢结构建筑的施工质量，显著地提高了建筑工程安全性和稳定性，并且能够降低建筑工程的流动资金，且更好地避免了建筑原材料的返工等问题，有效地避免了建筑工程停工等现象的发生，更好地保证了建筑工程的顺利进行。

三、绿色装配式钢结构体系的应用

绿色装配式钢结构建筑体系在商业建筑中的应用。现阶段，随着建筑行业的不断发展，结合绿色装配式钢结构建筑体系已有的建筑成果，装配式钢结构体系不断地在商业领域以模块化的模式得到广泛的应用。通常情况下，模块化装配式钢结构就是在材料预先制作好的基础上进行优化和调整，实现钢结构和其他建筑材料的成型效应，进而应用到大型商业建筑的建设当中。商业建筑的显著特点是特殊性商业建筑进行自由化的建筑，能够满足不同建筑工程发展的实际需要，极大地提高了建筑工程的建设效率。

目前，商业建筑都在积极地使用方形大型钢结构，并且已经成为绿色装配式钢结构模式在商业建筑中的主要发展模式。此外，绿色装配式钢结构使用的钢结构和型钢结构还具有良好的防火作用，这样不仅能够提高商业建筑的安全性和稳定性，还能够对商业建筑的建设成本进行合理的控制。在大型的商业建筑中，通过对绿色装配式钢结构建筑体系的合理使用，能够从根本上保证商业建筑的施工质量，通过根据商业建筑具体的施工要求，利用模块化钢结构还能够减少拆卸工程量。

绿色装配式钢结构建筑体系在住宅建筑中的应用。由于自身结构的特殊性，绿色装配式钢结构体系非常适用于住宅建筑的建设，主要是由于装配式钢结构建筑模式具有良好的稳定性和安全性，通过使用装配式钢结构体系，能够有效地解决钢梁强度不足的缺陷。此外，由于绿色装配式钢结构建筑体系采用的是钢化的建筑材料，能够从根本上解决传统建筑工程不能克服的钢梁强度不足以及建筑钢梁外露等缺陷，在绿色装配式钢结构建筑体系中使用空中灌注混凝土的建设模式能够极大地增强住宅建筑的承重能力，这样能够间接地减少住宅建筑的施工成本。

四、绿色装配式钢结构建筑发展的趋势

在建筑行业不断发展的过程中，绿色装配式钢结构建筑体系主要运用在商业建筑和住宅建筑领域，但是由于缺乏过硬的建筑工程施工技术，我国的建筑行业慢慢进入了发展的瓶颈期，为了能够有效地促进建筑行业实现装配式模式发展中的巨大突破，政府部门应该积极发挥自身的居中作用，切实地出台有利于建筑体系发展的政策，建筑企业也应该根据建筑市场的需求不断地调整自身的市场战略，进而在我国的建筑领域发挥更大的导向作用。

绿色装配式钢结构是近年来新兴的结构模式，为了能够更好地确保钢结构建筑体系得到良好的发展，应该切实地将常规的钢结构作为最基本的发展模式，这样才能够更好地对绿色装配式钢结构体系进行全面的创新研究，进而开发出绿色、高效、节能的建筑结构和建筑体系。需要注意的是，建筑设计人员在对建筑结构进行研究和创新时，既要注意建筑钢结构体系的创新，更要注意施工模式的创新，从而以钢结构为核心，尽可能地控制建筑成本、优化绿色装配式建筑的结构，尽可能地扩大建筑的利用空间。

综上所述，绿色装配式钢结构建筑体系已经得到了广泛的应用，不仅能够显著地降低建筑工程的建设成本，并且可以实现资源的循环利用，显著地降低了建筑工程的垃圾量，具有良好的环保效应和经济效应。本节主要论述了绿色装配式钢结构建筑体系具有的优势和在实践中的应用，以期能够为工程实践提供一定的参考。

第五章 生态住宅建筑设计创新研究

第一节 新时代住宅建筑生态化给排水设计原则与实施

本节在简要阐述生态化给排水系统设计思路的基础上，指出生态化给排水设计的原则，并重点探讨新时代住宅建筑生态化给排水设计的实施路径，以期为相关设计者提供有益之思。

一、生态化给排水系统设计的思路

在住宅建筑给排水系统设计时，设计者不仅要按照既定的城市规划进行整体架构，而且要充分考虑周边市政管网和拟定管网的实际情况进行针对性优化设计，同时要考虑地下空间、周边环境、附属设施等因素，合理确定给排水管道的走向、位置等参数。当然，最为重要的是，设计者必须坚持以生态化理念为指导，在充分满足居民用水需求的基础上，全面提高住宅建筑的生态性、节水性、安全性和舒适性。

二、生态化给排水设计的原则

（一）全局性原则

在进行生态化给排水设计时，设计者必须从全局出发，全面考虑自然、人文等因素，灵活利用建筑学、生态学相关技术手段，对整个给排水系统实施整体架构，确保住宅建筑与生态环境的高度契合。同时，设计者要以满足居民基本用水需求为基础，在全面提升给排水系统节水节能效能的基础上，增强整个建筑的舒适性、生态性；要严格遵循绿色建筑给排水设计的既定标准，强化全局意识，结合实际情况展开合理设计，尽可能多地采用环保材料和现代化节能技术，进一步增强建筑给排水系统运行的高效性与安全性。

（二）节约原则

在生态化给排水设计时，设计者要充分利用自然条件，巧妙借助人工技术，为居民营造健康和谐的生活环境。具体来讲，设计者要全面落实海绵城市理念，并以其为根本指导展开给排水系统设计；要在全面考量各种因素的基础上，科学设计绿色雨水系统，如雨水截留系统、雨水花园系统等，以确保绿色生态建筑建设的顺利达成。

（三）二次利用原则

在生态化给排水设计时，设计者要加强对水资源的二次利用设计，通过生活用水系统和中水系统的优化创新，实现水资源利用效率的最大化。对于生活用水系统，必须严格根据国家相关标准进行设计，确保水质达标，并与绿色建筑标准相匹配。对于中水系统，则要因地制宜，在充分利用既有资源的基础上，对污水、雨水等进行中水处理，并将其应用于绿色建筑运行中，全面提高水资源利用率。

三、生态化给排水设计的实施路径

（一）雨水收集系统设计

基于海绵建筑理念，采取渗、滞、留等措施，减少城市开发建设给生态环境造成的影响，实现 80% 的降雨就地消纳与利用，加强住宅小区内径流量控制，可以通过以下措施实现：①水池。在小区内部建设水池，可以采取 PP 模块，利用立方体结构，采取 F 形或者 E 形来进行平面布置，将其设置在停车场地面下，进行雨水收集。雨水收集再利用系统的设计，要达到住宅建设用地外排雨水设计流量规范，要小于开发建设前的水平。②明确初期径流弃流量。按照下垫面实测污染物浓度来确定，比如 CODCr 与 SS 等，通常 CODCr 浓度在 70 ~ 100m/L 范围内，SS 浓度在 20 ~ 40m/L 范围内。③蓄水池。利用雨水 PP 模块蓄水池，能够创建不需要维护的贮水池，实现全年连续收集雨水，为小区绿化提供大量用水。

（二）排水系统设计

排水系统设计的要点：①厨房排水设计。住宅小区排水系统设计，对于厨房排水设计，可以采取在本户楼板上直接接入排水立管的方式，厨房不设置地漏，避免地漏排水支管流入下层户室内空间，造成不必要的纠纷。②卫生间排水。基于《住宅设计规范》，住宅卫生间内卫生器具排水管不宜通过穿越楼板越户。住宅室内卫生间使用后出水式坐便，采取侧排方式，将卫生器具排水横支管沿着地面墙角位置处，给引到夹墙。将器具存水管与排水横管，设置于本层垫层内，以免发生下沉式积水。③阳台雨水排放。关于住宅阳台排水设计，考虑到阳台和室外连通，下雨时需要收集雨水，需要注意的是不能将透水型材料用作厨房或者卫生间的地面铺设材料，控制地面坡度，使其在 0.01 ~ 0.015 范围内，在地面设置地漏，其标高应比地面低 5 ~ 10mm。

（三）给水系统设计

1. 合理规划用水

生态化给排水设计，要合理规划用水，提高水资源利用率。在设计给水系统时，需要做好各项指标的把控，包括水量平衡与节水率等，综合考虑用户用水量。关于热水系统设计，可以通过太阳能热水器或者物业锅炉等方式，集中供热。绿色生态住宅小区多是通过太阳能热水器或者燃气式热水器来获取。基于此，在进行热水供应设计时，要预留水管位置，用来安装热水供应设施，保障住户能够通过独立热水管道系统，实现冷热源水自动控制。在住宅小区中，饮用水在建筑总供水量中所占比例为3%~7%，为确保饮用水能够符合绿色生态化建设标准，在住宅区中，可以设置饮用水的一级净化装置，为住宅小区内的居民直接提供用水，以便保护居民的身体健康，实现能源的节约。

2. 使用节能器材

居住者用水主要通过水龙头开关实现，水龙头也是水资源节约设计的重点，水龙头的大小，直接影响着出水量，因此设计人员要合理选择水龙头。在选择时，使用节水水龙头，实现智能化控制，减少水资源浪费。水龙头要选择具有充气效能的，或者使用具有延迟自闭功能的设备，通过向水中加气的措施来调节出水量，达到节水与控水的目标。除此之外，在设计排水时，要合理设置水龙头额定流量，结合居住者生活需求，按照各类需求，来安装适当流量型号的水龙头，确保能够达到生活所需，实现节约用水。

总而言之，生态化给排水是未来发展的主流趋势，它不仅符合绿色发展的战略理念，而且符合人们的价值诉求，同时符合社会发展的根本规律。因此，相关设计必须在深入掌握生态化给排水设计内涵与原则的基础上，结合实际情况采取有效措施，积极打造开放化、多元化的给排水系统，在充分满足居民用水需求的基础上，进一步深化住宅建筑与生态环保之间的契合，全面提高居民的生活质量和幸福指数。

第二节　低碳绿色经济的生态节能建筑新技术

我国碳排量减少的重要一环就是新技术的迅速推广与应用，而促进我国建筑节能的一个有效途径是，在在建建筑和旧建筑改造中大力应用、推广生态建筑新技术、新材料、新工艺，使越来越多的建筑尽快达到绿色环保、节能减排。

低碳经济主要是能源结构的优化，通过低碳能源的创新和人们消费观念的转化，提高能效和应用新能源。绿色经济主要是侧重于对环境损害最小的经济发展，通过应用资源、能源节约的产品，以市场为导向，使生态环境改善、生活质量提高。其核心目标是人造资本、自然资本、社会资本和人力资本的存量不断增加，提高绿色GDP，实现经济和自然环境的协调、和谐发展。现代科技的迅速发展已经为人类发展低碳经济及绿色经济提供了可行的解决方案，而执行的关键是如何制定新能源政策并全面、迅速地推广新技术，特别是工业、建筑等各方面业已成熟的绿色节能技术和可再生能源的开发利用。

国务院颁布施行的《民用建筑节能条例》明确提出："对具备可再生能源利用条件的建筑，建设单位应当选择合适的可再生能源用于采暖、制冷、照明和热水供应等；设计单位应当按照有关可再生能源利用的标准进行设计。"同时，建筑物强制节能、家用电器节能标准等也正在逐步进入实施阶段。发展低碳绿色经济，已经逐步成为我国的战略重点和重要发展方向。

一、生态建筑的特点及技术体系

生态建筑的定义是：运用生态学原理，遵循生态平衡及可持续发展的原则，即综合系统效率最优原则，设计、组织建筑内外空间中的各种物质因素，使物质、能源在建筑系统内有秩序地循环转换，以实现环境健康舒适、资源有效利用和自然环境相融共生的和谐统一。从生态建筑的概念以及中外生态建筑的实践上来看，生态建筑有别于普通建筑最为显著的特点包括：节约能源、节省资源、保护环境、可持续发展。

要实现生态建筑的节约能源、节省资源和保护环境的基本功能和促进建筑可持续发展的根本目标，必须通过对各种生态技术的深入研究和应用，同时在生态建筑中的科学和系统集成，才能实现。目前，我国实现生态建筑的关键技术包括：自然通风气流组织模拟技术、超低能耗建筑节能技术体系、自然采光模拟评价技术、太阳能热利用建筑一体化技术、地源热泵建筑一体化应用技术、生态建筑室内环境综合智能调控技术、生态建筑空调节能智能监控技术、生态建筑室内外绿化配置技术、雨水回收利用及垃圾处理建筑一体化技术、室内环境污染控制及改善技术等。

二、推广绿色技术，发展生态节能建筑

我国碳排量减少的重要一环就是新技术的迅速应用与全面推广。近些年，国内外在绿色建筑方面开发出系列新技术成果，如太阳能光伏发电、光导管照明、风能发电、地源热泵供热制冷、空气源热泵技术、绿色安全型保温建材、真空玻璃窗、光电智能化控制、雨水蓄积及利用、污水处理及利用、垃圾处理与沼气生产系统、LED 建筑采光系统、景观生态绿化系统、屋顶绿植系统、室内空气净化循环系统、再生材料使用系统等等。新技术的发展与应用是实现建筑节能及人类生态环境可持续发展的康庄大道。依靠科学技术，综合优选、组合应用、进一步降低应用成本，因地制宜迅速而全面地推广使用新型适用技术，就完全可以实现在建筑领域节能减排的战略目标。

三、生态建筑新技术的应用范例

ECOAS 生态建筑系统是采用国内节能率最高级别的 GJ—XQ 安全环保型保温建筑材料做墙体内外保温，运用高性能的地能超导热泵系统，为建筑物提供地下清洁冷热能源，用一套系统取代传统的采暖锅炉、制冷空调和热水器三套装置，四季提供生活热水，大幅

度降低建筑能耗。ECOAS 生态建筑系统中的 GJ—XQ 安全环保型保温建筑材料和地源超导热泵技术的配合应用可使普通建筑在不增加建设和维护成本的条件下达到节能 80% 的良好效果。

(一)GJ—XQ 新型安全环保节能建筑保温材料

目前在我国城乡的所有建筑中，95% 达不到节能标准，新建筑中有 90% 以上是高能耗建筑。我国的建筑能耗占到国家全部能耗的 30% 以上，其中的暖通耗能就占到了 26%，是国家最大的单项能耗行业。为此，国家住房和城乡建设部已将建筑节能作为建筑工程验收的强制性标准，已建的建筑也要逐年进行改造，国家提出了内地和沿海发达地区建筑节能率必须分期达到 50% ~ 65% 的明确要求。

目前主导我国建筑节能市场的产品为聚苯板、苯板颗粒、挤塑板等保温材料，都存在以下问题：易燃、有毒、易开裂、短寿、施工难度大和成本造价高。特别是常规保温材料的易燃问题非常严重，已成为引发城市建筑火灾的主要着火源之一，且遇火时迅速蔓延，释放出大量的毒烟、毒气和有毒粉尘，每年因建筑保温材料引发的火灾事故损失在全国肯定是一个惊人数字。我国科技人员在发展安全环保节能的建筑保温材料方面已取得重要进展：新型的 GJ—XQ 型安全环保节能建筑保温材料，在达到国家最高级节能标准的同时，完全消除了目前建筑保温材料的弊端，具有全新的技术优势和特点：防火不燃烧，安全性能好；无毒无污染，适用范围广；施工工期短，寿命长三倍；耐酸碱、不脱落、不起鼓、不开裂、不结露、不生霉、强度高；特别是价格还低于目前市场上的节能保温材料。

(二)新型地源超导热泵技术

建筑物冬季供暖、夏季制冷、生活热水的能耗需求，以往主要依靠矿煤、油、气的燃烧，但其造成能源利用的很大浪费和严重污染环境。地球浅层地能是人类取之不尽用之不竭的能源，现已发展成熟的地源热泵技术使浅层地能的采集、提升和利用成为现实，激活了新能源的开发，为人类建筑提供了清洁能源供给途径。热泵系统可分别在冬季作为热泵供暖的热源和夏季空调的冷源，并实现零污染排放，真正实现供暖（冷）而无污染的绿色居住环境。从某种意义上讲，这是暖通行业能源利用的一场革命。近年来，世界各国对浅层地热能的开发利用正朝着规模化方向发展，它将是 21 世纪取代传统供暖（冷）方式最为现实、最有前途的技术措施。将浅层地热能转化成可利用能源的热泵技术，是理想的"绿色环保技术"。热泵作为供热装置可以减少全球 6% 以上的二氧化碳排放量。

目前在推广使用热泵技术方面位居前列的国家有美国、德国、瑞典、法国、荷兰、英国等。我国科技人员研发的新型地源超导热泵技术是目前地源热泵技术发展的新一代技术，用新型超导材料能量传导替代了水源能量传导，改变了原有超导技术的真空金属管和管内的传导工质材料的物理和化学特性，使导热性提高，能量传递速度加快，实现超远距离传输能量，使原有的超导技术实现了低成本、高效率、大容量地向规模建筑群提供能量的跨越式突破。

超导热泵技术与传统的城市燃气热网采暖、分体空调制冷、燃气热水器供水和地能水源热泵技术提供的采暖、制冷、热水相比较，具有显著的技术领先和性价比优势：节能效率高、建设成本低、稳定性能好、施工周期短。

大力应用推广绿色建筑节能技术，需要从政府到社会各个层面对发展生态建筑的意义有不断的认识和支持。政府应推出系列政策，引导建筑工程向生态建筑发展，鼓励支持节能技术应用的推广和落实。实现建筑节能的战略目标，还需要全社会共同努力来促进生态低碳建筑的普及：引进、集合、优化中国及世界各地发展生态建筑的新技术、新材料、新工艺、新设备，建立并不断发展中国生态建筑的建设标准，有条件时建设各地具有可推广、可操作性的生态建筑示范样板；生态建筑，设计先行，鼓励全国各地建筑设计院不断采用、推广已被实践证明的先进、适用技术；支持建筑行业及相关行业协会在本系统内，不断以新技术升级原有技术，加速全建筑行业的技术进步；持续展开全民对生态节能建筑的认识，不断扩大全社会对建设生态节能建筑的渴望和需求，不断激励传统建筑行业的技术进步意识；在金融领域大力扶植节能新技术企业，促进新技术产业基金的发展，支持促进技术领先企业资本运营，将新兴技术向新兴产业迅速发展。

第三节　办公建筑的生态节能设计研究

建筑生态节能指的是在确保建筑功能能够达到要求的基础上，通过合理、有效的措施，降低能源消耗量。本节针对办公建筑节能生态设计进行分析，希望文中内容对办公建筑生态节能设计能够有所帮助，从而促进我国建筑行业的健康发展。

近几年，随着人们生活水平的不断提升，人们对建筑的舒适度提出了更高的要求，在建筑中空调、采暖、照明条件得到了改善。尤其是在办公建筑中，建筑运行过程中会消耗大量的能量，这在一定程度上增加了建筑的能耗量。因此，应当从建筑的实际情况出发，加强生态节能设计，减少能源消耗量，为人们提供一个良好的办公环境。

一、生态节能设计理念在办公建筑中的合理应用

办公建筑为了满足职工在工作过程中的实际需求，要确保建筑中基本设施的完善性，同时相关能源也必须能够满足供应需求，例如水、电等各项基本能源。能源传输过程中势必会发生损失，这对于能源的应用来说会造成一定程度的影响。因此，办公建筑选址时，在条件允许的情况下，应当尽量选择周边设施完备的区域，这样可以大幅度减少能源在应

用过程中的消耗量，从而降低办公建筑在实际应用过程中的能源消耗量。当然，这只是办公建筑选址过程中的一小部分，同时在办公建筑建设过程中，还要对建筑的整体设计格局情况进行重点考虑，保证在生态环境不会遭受影响的基础上，对其他影响办公建筑选址的因素进行充分考虑。

现今，许多办公建筑都采用大面积玻璃作为建筑材料，这样使建筑的整体更加具有现代感。但是，在建筑设计过程中，不仅需要考虑建筑现代感问题，同时相关工作人员也意识到通过对玻璃的合理应用，对太阳能进行收集也是最容易被人们忽略的一项内容，因此应当引起人们的注意。在办公建筑设计过程中，采用的玻璃如果是一些特殊材质制作而成的，在白天太阳光能够直接射入建筑内，使办公建筑更加明亮，减少办公建筑中用于照明的电能消耗量。到了夜晚，玻璃内的热量并未完全消散，这一部分热量可以提高办公楼内的温度，从而减少能量的消耗。

在办公楼设计过程中，为了实现对太阳能的合理应用，达到节约能源的目的，应当在对办公楼地质的合理选择上进行深入分析，选择可以最大限度吸收太阳能，并且对太阳能进行合理应用的区域，建设办公楼建筑。近几年，随着科技的不断发展，建筑工程建设过程中出现了更多的新型建筑材料，这些材料都有各自的特点，或者具有不错的隔音效果，或者轻便。由此可见，办公楼建设期间，要依据建筑工程的实际情况，完成对材料的合理选择。应当选择那些有不错保温性能的材料，从而减少办公楼内部的热量损失，达到减少能源消耗的目的。此外，还应当选择一些减少环境污染的材料，完成相应的建筑，最大限度减少建筑对生态环境的不良影响，这也是办公建筑生态节能设计理念的体现。

二、办公楼生态设计的关键策略

（一）做好外围结构保温与隔热设计

办公建筑需要给人们提供一个属于自己的工作区域，只有这样才能提供给人们工作过程中的舒适感，并提高工作效率。我国有些地区冬季气温较低，夏季气温较高，因此要做好建筑外围结构保温性能与隔热性能设计，通过该设计方式为人们提供一个良好的工作环境，并提高工作效率。建筑维护结构能耗主要体现在屋顶、门窗、外墙三个不同部位。在办公建筑设计过程中，针对这三个结构进行创新与改革，通过该方式促进办公建筑生态设计的实现。现代办公楼设计时，通常会采用外墙复合体，该墙体在实际应用期间，能够起到一定的保温作用，同时，对屋顶的隔热与保温也有着重要作用。

（二）门窗生态设计

现代许多地区办公楼采用的都是玻璃幕墙，这种玻璃幕墙在应用过程中，在天冷与天热的情况下，都容易形成冷热桥，由此可见，在办公楼设计过程中，只有通过加强玻璃幕墙的隔热和保温性能，才能从根本上降低办公建筑在实际应用过程中的能源消耗量。设计玻璃幕墙时，采用双层玻璃，为人们提供一个更加优秀的室内工作环境。此外，双层玻璃在实际应用过程中，通过空气进行垂直划分，可以使内部气流变得更加顺畅，这在一定程度上使建筑的隔音和防火效果都得到了进一步提高。

（三）遮阳系统的合理设计

遮阳是现代办公楼建筑在建设过程中的一项重要内容，建筑中的大面积玻璃幕墙在具体应用过程中，能够起到一定的吸热功能，只有在该背景下，设计遮阳系统，才能够解决办公建筑在夏天应用中能耗较大的问题。

（1）在采用大型双层幕墙时，应当在墙体内部设置遮阳系统，保证办公室不会被太阳全部笼罩，导致办公室内部温度上升过快，影响人们办公。

（2）将可以拉动的百叶窗设置在空气间层，通过拉动百叶窗的方式，可以有效避免强烈的太阳光对办公室直接照射；办公建筑中的遮阳系统应当具备灵活特点，可以自行完成相应的调节工作。

（3）对办公楼建筑的具体情况进行详细分析，在发挥遮阳作用的基础上，要确保室内的视觉效果不会受到影响。

（四）自然采光和通风的合理应用

生态办公建筑除了要做好空间组合及维护结构的设计外，还要对自然采光及通风进行合理应用，这也是降低办公建筑在运行过程中能耗的一项关键因素。现代办公楼的整体面积较大，一些建筑在采光和通风方面都通过机械或人工方式进行，这种方式看似为人们提供了一个恒定的温度，实质上对人的身体健康造成了较为严重的损害。通过巧妙设计反射系统并引入墙面绿化（如垂直花园）等自然元素，可以有效实现自然采光的最大化与通风的改善，从而最大限度地减少对人员健康可能产生的不良环境影响。此外，反射系统在应用期间，还可以形成反射光效果，从而减少人工照明能耗，即使在阴天的情况下，办公室内也能够完成正常采光，保证办公室内的工作人员能够正常工作。

除此之外，在办公室施工过程中的生态环境设计，在初期的设计过程中就应当确定好外围结构的隔热、保温的措施，改善窗户幕墙、玻璃的性能，同时通过自然采光和通风的方式，实现办公楼环境生态化。同时，设计人员也可以通过系统高效能实现主动节能，例如通过对一些节能灯具或电器、低温辐射等装置，减少办公建筑在实际应用过程中的能源消耗量。

随着人们环境意识的不断提升，环境保护意识不断提高，未来办公建筑设计过程中，要采用生态节能设计理念，加强对生态环境的保护，为人们提供一个良好的办公环境，降低能源消耗，实现对生态环境的合理保护。

第四节　住宅建筑设计方法论

"住宅是人类为了满足家庭生活的需要所构筑的物质空间，它是人类适应自然、改造自然的产物，并且是随着人类社会的进步逐步发展起来的。"随着社会的变迁和进步，其内涵从最开始的安全需求进化为美观、人文等一系列深层次需求。住宅既是一种建筑物，又是一种人文艺术的体现。建筑不仅要满足人类起居、生活的物质需求，还要满足美观、人文关怀、娱乐、交往等高层次的精神需求。在进行住宅建筑的设计时应遵守"以人为本"的原则，充分考虑可持续发展的需要，把人文关怀的理念结合到设计中去。运用整体化设计的原则，将起居、生活、娱乐、交往等功能性和精神性的需求结合起来运用到整个设计中去。

一、住宅设计的基本原则

随着住宅建筑的不断发展和演化，当代越来越流行可持续发展的生态观念和"以人为本"的思想，开始慢慢尊重人、关注人、满足人类对建筑的精神需求。为了体现"以人为本"的思想，主要从以下两方面考虑。

心理要求：住宅首先要对居住者友善和亲近，体现出家的感觉。在设计中应该考虑到居住者的生活背景、家庭组成、文化和受教育程度，不同背景的人对居住生活空间的要求也不一样。在空间布置上要保证不同功能空间既有相对的独立性，又不相互干扰和交错，同时也要保证紧密的联系性，使各个空间之间具有流动性。在形式上，室内的空间布置、家居的造型和色彩、墙面地板的形式和色彩都要考虑到居住者的感觉，不同的形式和色彩能给不同的人带来不同的感受。

人体工程学：干净整洁、健康舒适的室内生态环境是每个居住者的需要，它能保证居住者的心理健康和生理健康。在设计中应该充分考虑到使用者的使用习惯。空间的温度、湿度、粉尘、声光热等因素都要符合卫生标准，以达到人体舒适的程度。

二、住宅设计的基本方法

（一）住宅建筑的人文设计

1. 增强居住建筑的可识别性和差异性

随着人们对住宅建筑要求的不断提高，住宅建筑设计除了要满足使用者居住功能之外，还需要考虑住宅建筑的建设、娱乐、学习、办公等多元化的功能。可识别性是指建筑的外观、内部空间、周边环境与其他建筑的不同，使建筑的使用者具有归属感和认同感。从归属感方面讲，建筑使用者希望建筑能给自己带来家的感觉，能在建筑中感受安全和温暖。从认同感方面讲，建筑使用者希望自己的住宅具有识别度，不用通过门牌号就可以识别出来。增强居住建筑的可识别性首先要从整体规划出发，对建筑布局、内部空间仔细推敲。从周边环境方面要注重景观方面的设计，注重绿化、水体、硬质铺装、园林小品等方面的设计，从整体和细节中体现可识别性和独有的风格。

2. 注重人文设施建设

文明社会需要文明的人文关怀。住宅建筑作为人的住所、人的家，体现人文关怀就更加必要了。住宅建筑的人文关怀要考虑到建筑使用者的生活需要和情感需要。例如，我国南部地区建筑遮阳设施的布置，避免长时间的太阳暴晒，与此同时还有遮雨通道和无障碍设置的设计。北方地区则考虑防风和冬天日晒设施的设计。老人和小孩是居住建筑中特别需要考虑的因素，他们对建筑和环境有特殊的需求。因此儿童活动场地和老年人休息、健身设施也是必需的。人文设施要充分与使用者亲近，才能创建出具有人情味的生活环境。

3. 养老户型设计

受之前国家计划生育政策影响，我国人口老龄化比较严重。为解决当今老年人居住的问题，老年住宅和公寓是近些年建筑设计的一个新兴课题。由于城市化的发展，城市户型规模由每户 5~6 人转变到现在的 3~4 口人。空间布局从起居室－餐厅合一型的以生活方便为主的户型转化为起居室－餐厅分离型的以生活质量为主的户型。户型的设计同时考虑家庭的人数、年龄、性别、性格等方面，使室内空间分配和人员相匹配。随着户型的演化，养老户型的设计也逐渐走进人们的视野，例如可供晒太阳的大阳台，室内的无障碍通道和具有怀念意义的家居布置等。

（二）住宅建筑室内环境设计

1. 动静分区

动静分区中的"动"指的是像客厅、餐厅、厨房、阳台等一类主要供人活动的场所，而其中的"静"指的是像卧室一类供人休息的场所，动静分区就是把这两类场所分开，互不干扰。一般客厅、餐厅、厨房、音乐房等需要人来人往、活动频繁，如此一个家才有生气、有活力，而主要为休息睡觉之用的卧室显然需要最大限度的静谧，因此应将它们严格分开，确保休息的人能安心休息，要走动娱乐的人可以放心活动。

2. 平面布局要个性化

在布局的时候要考虑到用户的个性化喜好和以后的改造。为了创造流动的空间和方便以后改造，除了必要的承重墙、分户墙以外，尽量采用轻质材料的墙体进行隔离，从而适应不用住宅成员和不同生活阶段的需求。在进行电线插座、水暖管道、储物空间等位置的设计时要考虑到以后再设计的可能。

3. 厨房卫生间整体设计

由于厨房、卫生间管道和电路比较密集复杂，在设计的时候要尽量一次装修到位，避免二次设计。厨房灶具、通风管道、煤气等设施，卫生间热水器、排水管道等在设计的时候要从整体上合理布置，杜绝安全隐患、避免给住宅使用者带来不便。

4. 进住宅部件，提高生活品位

在对住宅小部件的一些细节进行深入设计，部分窗台可采用飘窗的形式，可放置物品或当作桌子使用。门窗也可采用聚氯乙烯树脂材料、落地门窗、多功能户门，增大室内外交流空间。阳台空间也尽量扩大，满足部分人群晒太阳、乘凉、看书、养花草等需求。玄关和隔断的精心设计也能增加很多人情味。住宅细节的提升，能够保证在较小的成本内提升室内很多的格调和人情味。

三、住宅建筑生态设计

在建筑设计方面，应控制建筑物的体形系数，使之保持在较低的水平上，从而降低外围结构的散热，减少建筑能耗。根据南方和北方地区的不同在冬季增加一定量的太阳辐射热量，在夏季则尽量避免太阳直射。在周边景观方面，利用当地的自然资源，如有自然水域则尽量保留和加以改造，满足人的亲水性。植物方面则可利用原有树种和当地树种进行造景，达到围合空间和调节小气候的作用。

（一）使用节能绿色建筑材料

建筑围护结构保温隔热性能的优劣是影响建筑能耗最直接的因素。住宅建筑的围护结构，由包围空间的将室内与室外隔开的结构材料和表面装饰材料构成，在建筑围护结构中，屋面、墙体、门窗和地面是建筑能耗的四大部位。为了提高资源、能源利用率，要使用有利于环保的建筑材料和实用新型的墙体材料。比如处于冬冷夏热的荆州地区，如果建筑材料不节能不环保，造成建筑整体的耗能量大，冬天取暖消耗量多，而夏天由于散热不好可能普遍需要空调，这样的建筑设计就是不合理的。因此，建筑节能一定要在提高建筑围护结构的热工性能上下功夫。

（二）使用可再生能源

使用可再生能源要从两个方面着手：一方面要在设计和修建等方面采用降低建筑能耗的各种手段，推广节能新技术、新材料的使用范围，保障生态与自然环境平衡。另一方面尽量利用太阳能等自然资源，尽量减少对环境的污染和常规能源的消耗。在我国，沼气、地热、风力、太阳能、垃圾回收等可再生能源都可以充分利用起来，设计到住宅建筑中去。

随着经济的发展、人民生活水平的提高，我国的住宅建筑越来越多，但是建筑的同质化特别严重，整体设计、功能和施工质量也不太高，造成大量住宅空置、积压。以前在居住概念中，人们往往以能在公园附近居住而感到满足，而现在随着人们物质文化生活的不断提高，"在花园中居住"已成为人们很实际的目标和需求。创造良好、舒适、宜人的居住小区环境和居住建筑，能体现对人文精神的关怀、对人的价值观和归属感的认同。"人本居住"已成为21世纪现代居住小区建设的新理念，具有物质和精神双重性的居住建筑才能体现出人文关怀，给使用者带来真正的关怀和归属感。

第五节　生态视野下新农村住宅的设计

在我国新农村建设稳步推进以及建设资源节约型社会的背景下，新农村住宅的设计越来越引起人们的重视。本节试图将中国传统民居中的生态适应策略与传统文化符号，与当代的节能建筑设计理念相结合，对生态视野下新农村住宅的空间设计策略进行初步的探究。

一、我国农村住宅的发展现状以及存在的主要问题

我国是历史悠久的农业大国，在漫长的发展过程中，自然村落逐渐顺应自然条件演化出了不同的住宅形态，这些形态各异的住宅经过了漫长的自然选择，被证明是生态友好型的建筑设计。但是随着农村生活水平的日益提高，原有的民居形式不能够满足农村居民日益提高的物质生活需求与精神文明需求。在这样的背景下，一部分村落，尤其是具有较好自然条件的村落，开始逐步对原有的居住环境进行自发性的改建或者重建。

纵观村落民居的自然演化以及短时期的改建加建，我们可以看出，原有的农村建筑难以给居民提供更好的生活环境，而不顾自然特异性的新建住宅又缺少生态适应性以及可持续发展的特点，同时也使得村落的传统文化符号有所缺失。

因此，在新农村住宅的设计中，生态化的视野是极为重要的。如何将既有民居对自然气候环境的适应与新型住宅的舒适居住体验相结合，是设计师亟待解决的问题。

二、传统农村住宅中的生态化设计策略

我国传统的民居在布局形式、设计手法以及材料选择上都体现了生态化的设计策略以及对自然环境的尊重，特别是在院落布局以及空间组合形式上，极为巧妙地体现了低技术的生态设计策略。在寒冷的北方地区，出于对日照的需要，常常将住宅布局为合院式，这种院落布局形式的院子尺度较大、院内阳光充裕，常常配以各类植物以及观赏花卉，使得院落在承载客观需求的同时，也满足人们交流活动的需要。在湿热的南方地区，庭院的尺度则小得多，被称为"厅井式"建筑，这种院落布局主要是考虑到通风的需要，故而院落形式常常狭窄而高挺，并不形成院落，而是在住宅中部形成狭窄的"井"状风道，使室内

温度保持在宜人的温度。类似的住宅布局智慧还体现在我国西北地区的民居布局上，围绕院落的屋顶采用"一坡水"的形式，同时厚重的外墙起到保温隔热的作用，是低技术生态建筑的典型代表。

我国的传统村落住宅在尺度和体量上的多样变化体现了生态视野下建筑与环境的交互设计的策略，这也是社会主义新农村建设中最具有价值的设计方式。一个设计良好的居住系统会形成一个自治的系统，通过各种自然资源的合理利用配置，可以极大地实现新农村住宅在设计、建造、使用各个环节的可持续发展。

三、新农村住宅的功能需求转变

随着经济社会的不断发展以及文化环境的逐步变化，所谓的农村已经由单纯的农业聚落向更为复杂、更为多元化的系统转变，在这个过程中，住宅作为居民物质和精神生活的载体，其功能需求也发生了巨大的变化，主要表现在以下几个方面：

（一）功能的复合性增加

在传统的农业型社会中，住宅扮演的角色较为单一，主要有生产功能与生活功能。而其中生产功能又扮演着极为重要的角色。以往的农村住宅院落中，往往兼具养殖、种植以及生产工具存放等功能。随着产业结构的逐渐转型，生产的功能所占的比例逐渐减小，人们对更加舒适的生活环境有了更高要求，同时院落的职能也由具体的功能性职能向交往型、休闲型职能转变。

（二）空间形态由内部功能向外部形式转变

新农村住宅的内部功能逐渐向城市住宅靠拢，内部功能更加齐全，基本满足几代同堂的居住需要，具有更强的适应性和协调性。同时，由于物质生活的极大丰富，居民在自住房建设时，也会较多地考虑个人意志的体现以及价值的彰显，这种转变一方面彰显着我国新农村建设初见成效，同时也造成了"千村一面"以及过度浪费的情况产生。

（三）居住尺度的变化

在过去的农村住宅中，由于客观条件的限制，常常不得不在有限的空间内容纳更多的人口，因此也导致了住宅的空间紧凑以及空间的尺度变形等特点，同时农业生产活动以及相关的生产资料占据了较多的居住空间，使得居住空间缺少过渡功能，以必要性空间为主，居住区域拥挤、缺少设计性、灰空间过渡不自然等问题普遍存在。在新农村住宅中，对家人的交往娱乐空间进行必要的设计，对院落的渗透以及趣味空间的增设进行必要的考量，以便在有限的空间内创造更为宜人的尺度。

四、低技术生态策略的新农村住宅设计

（一）功能布局

农村住宅设计要在保护耕地、节约耕地的前提下做到以实用为主，采取多种单元类型、系列化拼接。由于冬天太阳有效辐射以南墙面最大，所以合理延长建筑物的南立面；而夏天太阳有效辐射东西向墙面远远大于南墙，为使建筑物尽量少吸收太阳能，要缩短东西向进深，也有利于自然通风的组织和采光。

新农村住宅功能布局一定要做到生活功能与生产功能分区。生活用房主要包括堂屋、卧室、厕所、厨房等。堂屋多为一进深，考虑夏季引入穿堂风，南面开大门大窗，而北面开窗较小。卧室设计尽量向阳。厨房和卫生间能够自然排风。卧室应当有良好的自然采光条件。

（二）空间形态

一个良好的建筑外部环境以及空间组织形式是联系人、环境、建筑空间的桥梁。建筑师柯里亚曾经提出"形式追随气候"，就是说建筑的空间组织形式应当根植于其所在地的乡土，并适应于当地的客观环境。作为农民每日生产与生活的场所，住宅的空间组织形式与农民的生活质量息息相关，在建筑的尺度与体积的确定上充分考虑当地的气候与环境，根植于乡土。在空间造型上摒弃千篇一律的造型手法，借鉴传统民居的文化符号，力求简单大方，避免资源的不合理浪费，同时建筑的转折变化与高低错落应当与功能需求相一致。以经济适用为原则，充分利用自然通风与自然采光，更多地采用具有地域特点的被动式节能技术，同时结合院落创造过渡自然、疏密有致的居住空间。

（三）材料技术

考虑到农村特有的经济文化条件，在生态节能技术的选择上宜采用低技术生态策略、因地制宜的设计手法，例如通过在农村住宅设计中有针对性地引入绿色能源，让农民日常生活中尽量使用太阳能、沼气、地热、中水系统等可再生的天然能源，以实现农村住宅中小生态环境的良性循环。通过开窗的形式来组织室内自然风的流通，减少对能源的消耗。

在材料的选择上应因地制宜，选取当地易得的廉价材料，或者是对既有建材的合理再利用。以王晖的西藏阿里苹果小学为例，苹果小学在设计中大量地采用了自制鹅卵石砼砌块的这种材料，建筑的新建体量和原有的基地由于材料相同的关系，紧密地结合在了一起，像是一种生长。这种对本土化材料的合理利用是新农村住宅设计中重要的生态策略。

新农村住宅建设不仅是农村居民良好生活环境的物质保证，更是特定地域条件、聚落文化的精神载体。关注新农村住宅在建设和使用过程中的生态意义，把节约资源、降低能耗、减少污染、提高居住环境质量作为当前新农村住宅设计的主要方向，把实现生态环境的良性循环作为设计的基本目标，研究出合理可行的生态农村住宅设计策略。

新农村住宅设计应遵循民俗性、人文化和生态可持续发展的原则，经过理性设计的新农村住宅不仅能延续当地传统建筑文化和乡村肌理，还能改善所在地的生态环境，提高居民的生态意识和审美能力，从而实现新农村建设中乡土文化保护与生态可持续发展的统一。

第六节　城市密集型住宅建筑立体绿化分析

密集型住宅建筑的立体绿化改造是城市节能系统完善的重要形式之一，立体绿化改造能够增加城市建筑绿化面积，美化城市建筑的整体艺术效果，有效地减少城市热岛效应，缓解灰尘、噪声和有害气体的传播，排水蓄水系统的改造调节了城市地下水的结构，能够从根本上改善城市的居住生态系统。

一、立体绿化概述

立体绿化既包括传统的地面绿化，还包括垂直绿化、屋顶绿化、树围绿化、护坡绿化和高架绿化等。立体绿化可分为水平绿化和垂直绿化，水平分布的绿化区域以地面为主，易于种植大型树木和植物。地面绿化属于住宅区的公共空间，植被的布置具有固定性，更适合种植常绿型植物，保持一定的植物间距和植物种类的协调，并设计出富有层次和变化的绿化景观。

二、城市密集型住宅建筑立体绿化的设计原则

（一）地域性设计原则

立体绿化的形式应根据所在城市的不同设计成不同的形式，每个城市都有各自特殊的地理环境和自然形成的气候。建筑的立体绿化改造需要依照太阳角度、季节长短和地形来进行调整，建造出有地域特色的立体绿化形式。老城区住宅建筑的改造要根据周围的环境来设计，每个小区都有不同于周边的地理条件，比如小区内外的楼距、楼高、空气流通走向和风向等。绿化的改造不能盲目参照最新最成功的案例或技术，避免不符合该区域的需求，丧失原有的功能。

（二）经济性设计原则

经济性是立体绿化改造的重点，只有设计改造成本、施工改造成本、使用改造成本三者均合理，才能够使立体绿化改造长久地推行。作为城市密集型住宅建筑必须具备经济性原则，应把改造后的能源消耗降至最低。清洁资源的有效利用和循环利用，就要求提升立体绿化的设计理念和施工技术，达到经济性与高质量的统一。经济性设计原则还包括建筑

改造后植物景观维持费用的减少，保养立体绿化的墙面植物和屋顶花园的植被，应减少使用不适宜当地气候的植物和景观材料，设计易维修和使用时间持久的户外设施。

（三）可持续性设计原则

材料的选择、景观的维护要做到可持续发展，建筑的立体绿化改造要注重材料的循环利用，把可持续发展理念贯穿于整个建筑的立体绿化改造过程中。只有从清洁能源入手，才能保障资源的来源绿色化。老住宅建筑的绿化改造不仅仅只是通过植物来表现绿色，还包含小区整个生态系统的建设，改变原来的资源消耗习惯和日常生活习惯，即为遵循可持续性设计原则。

三、城市密集型住宅建筑立体绿化的组织方式

（一）统一性组织

统一性组织是指把不同设计元素的绿化形式，以及原有老建筑的结构、设计因素组合成一个整体。所以，整个建筑的绿化改造要充分了解原有建筑的墙体结构、建筑材料和能源消耗，才能够设计一个统一的主题，找出原有建筑的设计缺陷，仔细分析研究建筑的未来功能需求和与周边环境的关系。统一性组织原则是从整体出发，探究老建筑与立体绿化改造的主题、目标和整体基调上的统一，更好地组织建筑绿化改造项目。

（二）协调性组织

协调性组织原则是从设计的细节出发，使设计元素和周围环境相一致的状态。与统一性组织原则不同的是，协调性组织原则是各个元素之间的关系，要使得各个不同的元素可以相互协调组织在一起。在改造的细节上注意整个环境与改造后的植物之间保持和谐，协调性包含改造绿化的各个要素，既要做到优化整个建筑的环境，又要协调小区各个功能分区的实际作用。

（三）趣味性组织

趣味性的设计其实取决于个人，使人们根据自身的认知对设计产生的一种特殊吸引。在建筑的立体绿化改造上可以将建筑色彩的调整、尺寸的大小和肌理的变化组合为不同的形式，达到绿化改造设计的趣味性。这些趣味能够改变人们以前的生活习惯，养成新的生活规律，周围环境的改变也带来了生活上的改变，这正是设计的趣味性。

（四）特殊性组织

立体绿化的改造是根据建筑的特殊问题来解决的，而不是参照绿化的成功案例去照搬照抄。根据实地的调查与研究，发掘老住宅区的特殊因素，在了解和总结该小区的特殊要求时，才能够保证改造切合人们生活需求，而不是形而上的改造设计。

第六章 生态住宅建筑节能设计研究

第一节 住宅建筑生态节能设计的基本概念

绿色住宅建筑节能设计是一项重大且持续的工程，从小区规划设计、建筑单体设计、建筑细部设计到建筑周围环境设计，每个环节都相互影响、相互制约，而且还涉及其他很多方面，如新材料、新技术、新工艺的应用，再生能源的开发和利用等。因此我们在做节能设计时，要进行综合考虑，按照因地制宜、整体设计及全过程控制的原则，结合气候、经济、技术等多方面因素全面展开，进行住宅节能设计和优化。

一、绿色住宅建筑设计的内容

（一）全寿命周期的概念

全寿命周期主要强调建筑对资源和环境的影响在时间上的意义。建筑从最初的规划设计到后续的施工建设、运营管理及最终的拆除，形成了一个全寿命周期。关注建筑的全寿命周期，意味着不仅在规划设计阶段充分考虑并利用环境因素，而且确保施工过程中对环境的影响降至最低，运营管理阶段能为人们提供健康、舒适、低耗、高效、无害的空间，拆除后又对环境危害降到最低。建筑对资源和环境的影响要有一个全时间段的估算，建筑初期投入可能很低廉，但是运营成本可能会很高。

（二）强调最大限度地节约资源，保护环境和减少污染

住建部提出了"四节一环保"的要求，即着重强调节地、节能、节水、节材和保护环境，这也是我国建筑业可持续发展面临的主要问题。保护环境、减少污染，资源的节约和资源的循环利用是关键，"少费多用"做好了必然有助于保护环境、减少污染。

（三）满足建筑根本的功能需求

保证使用者的健康是最基本的要求，节约不能以牺牲使用者的健康为代价。"适用"强调的是适度消费的概念，绝不能提倡奢侈与浪费。高效使用资源需要加大绿色住宅建筑的科技含量，比如智能建筑，通过采用智能的手段使建筑在系统、功能、使用上提高效率。

（四）建筑要与自然和谐共生

建筑业再也不能延续高消耗、高污染的传统建筑发展模式，必须大力发展绿色住宅建筑，才能适应现代城市生态建设发展的需要。不然，将会在建筑领域再次重蹈先污染后治理的覆辙，危及子孙后代的生存。发展绿色住宅建筑的最终目的是要实现人、建筑与自然的协调统一。

二、绿色住宅建筑的生态节能设计策略

（一）自然通风设计

从节能和舒适的角度考虑，自然通风是设计中要注意的一个很重要的问题，在建筑设计中平面应避开冬季主导风向，充分利用春、夏、秋季凉爽时段的自然通风，通过被动方式，利用室外气流带走室内产生的余热，从而保证室内的热舒适性，并缩短空调开启时间，达到节能的目的。

（二）建筑朝向设计

朝向对建筑能耗的影响也十分重大。太阳的辐射得热在夏季会增加制冷负荷，在冬季则能降低采暖负荷。朝向选择时应从当地气象条件、地理环境、建筑用地等全面考虑，从节约用地的前提出发，优先采用本地区的最佳或接近最佳朝向，满足冬季能争取较多的日照，夏季避免过多的得热，还应有利于自然通风。从长期实践经验来看，南向是我国各地区较为适宜的建筑朝向，但在建筑设计时会受到多种因素的制约，不可能都采用南向，就应因地制宜合理确定建筑朝向，以满足节能与舒适的要求。

（三）建筑体形系数

建筑体形系数是节能建筑设计特别要重视的问题。体形系数就是指建筑物的外表面积与外表面积所包围的体积之比。建筑体形的变化，直接影响建筑采暖空调的能耗大小，从降低能耗的角度出发，应将体形系数控制在一个较低的水平，但过低的体形系数会压制建筑设计师的创作灵感，平面布局受到限制，使建筑造型呆板，使用功能不能合理地安排。因此，在具体的设计过程中，须权衡利弊，合理确定建筑造型，凹凸面不要过多，尽可能减少建筑的外围护面积避免体形变化过多而使体形系数增大，应将体形系数控制在一个标准的范围内，以减少建筑能耗。

（四）外墙的保温隔热性能

由于外墙在整个建筑外包面积中占的比例最大，对建筑能耗的影响也最大。在严寒地区冬季室内外温差达 30 ~ 60℃，墙面传热造成的热损失非常可观。因此墙体的保温隔热是建筑节能的一个重要部分。在设计时应控制墙体的传热系数，采用保温性能好的砌体，如加砌混凝土自保温砌体，也可采用多层复合墙体，根据保温层位置的不同，复合墙体可

分为外保温、内保温及夹心保温墙体，每种保温形式有各自的特点。外墙内保温和自保温由于结构的原因很难消除冷桥热桥，而采用外保温，则由于保温层覆盖整个外墙面而有利于避免冷桥热桥的产生，内保温还会受二次装修的影响，并占用室内空间，国家已开始限制在居住建筑内使用它，但对少量墙体使用内保温是合理的。夹心保温是两侧为墙体材料中间为保温材料，这种材料有利于其内外装修的优点。另外，外墙外保温体系可以保护主体结构，延长建筑物使用寿命，也可以方便地对旧有建筑物进行节能改造，从长远来看，外保温的优越性明显高于其他形式，因此外墙应优先采用外保温来达到节能目的。

（五）门窗的保温隔热性能

在整个建筑物的热损失中，门窗缝隙空气渗透的热损失占 20% ~ 30%。所以，门窗是围护结构中节能的一个重点部位。门窗节能主要从减少空气渗透量、减少单位面积传热量等方面进行。减少渗透量可以减少因室内外冷热气流的直接交换而增加的设备负荷，可通过采用密封材料增加窗户的气密性；减少传热量是防止因室内外温差而引起的热量传递，建筑物的窗户由镶嵌材料和窗框等组成。为此，要加强节能型窗框和节能玻璃等技术的推广和应用。塑钢门窗不仅防噪隔声功能显著、防雨水渗漏能力强、空气渗透量小，更主要的是塑钢门窗的导热系数极低，隔热效果优于铝材 1250 倍，在采暖和制冷上，能耗要低30% ~ 50%，室内空调的启动次数明显减少，耗电量也显著减少。

（六）屋面的保温隔热性能

屋面在整个建筑围护结构中所占的比例虽然远低于外墙，但对顶层房屋而言，却是比例最大的围护结构。其保温隔热性能的好坏，直接影响顶层房屋的室内热环境与建筑能耗。与外墙一样，其也应控制传热系数，采用高效保温材料作为屋面的保温层。根据保温层的位置分内保温和外保温，一般屋面大多采用外保温，传统的做法是保温层设在防水层内，现在更科学的做法是保温层设在防水层外的倒置式保温屋面，既提高防水层的耐久性，又达到保温隔热的效果。

（七）采暖系统的节能

城市供暖实行城市集中供暖和区域供暖，合理提高锅炉的负荷，改善锅炉运行效率，采用管网水平衡技术，以及加强供热管道保温，可以大大提高热效率。除此之外，应该运用高技术成果开发高效节能的建筑设备，利用可再生能源，充分提高采暖空调系统的用能效率，从而节约能源。

总之，绿色住宅建筑是指在住宅建筑的全寿命周期内，可最大限度地节约资源（节能、节地、节水、节材）、保护环境和减少污染，为人们提供健康、适用和高效的使用空间，与自然和谐共生的建筑；是消耗最小的能源、资源与环境损失，换取最好的人居环境的建筑。绿色住宅建筑设计的基本内容：在人与自然协调发展的基本原则下，运用生态学原理和方法，协调人、建筑与自然环境间的关系，寻求创造生态建筑环境的途径和设计方法。

体现人、建筑环境与自然生态在"功能"方面的关系，即生态平衡与生态建筑环境设计和"美学"方面的关系，即人工美与自然美的结合。

第二节　生态宜居住宅建筑节能设计

目前，随着我国经济的可持续发展，资源节约型、环境友好型社会的建设已经是人心所向、大势所趋。对于建筑行业来讲，为了实现其节能环保的愿景，我国大多数城市已经将绿色建筑作为城市发展的战略，绿色建筑势在必行。针对绿色建筑的理念、评估标准和发展的目标三个方面进行分析，将我国奥运场馆作为设计实例，从生态宜居住宅设计方面进行描述，以便于在全国绿色建筑理念的基础上，将绿色建筑理念的生态宜居住宅设计进行到底。

绿色建筑是在建筑的使用年限内，可以最大限度地节约资源（节能、节地、节水、节材）、保护环境以及减少污染，为人们提供高效、健康及适用的使用空间，还可以与自然和谐共生的环保的理想建筑。近年来，随着经济的可持续发展以及资源节约型、环境友好型社会战略的实施，我国将绿色建筑理念作为建筑行业的战略目标，这一举措的实施，不仅有利于人与社会的和谐相处，更重要的是还为我国建筑行业的工作者提出了新的挑战。

一、坚持绿色建筑的设计理念

绿色建筑的设计理念，主要是尽可能地减少环境的污染，节约资源，进而为人们创造一个安全、高效、健康、舒适的生活环境，和与大自然和谐相处的节能环保的建筑。绿色建筑主要是运用能源的有效节约及利用的方法来实现低负荷环境下节能生态住宅的发展，它能够将人与环境以及建筑三方面相互依存的生态建筑模式体现出来。绿色建筑将以人为本的建筑理念融入建筑中，进而为人们提供一种健康、适用、高效的空间，通过这种环境不仅能够使人们在心理上和生理上得到极大的满足，而且在一定程度上提高人们的生活水平及生活质量。绿色建筑设计的过程主要是将资源的再利用和污染物的零排放作为设计原则，将资源尽可能地重复利用，节约能源。绿色建筑是科学发展观理念和思想的充分体现，它不仅有效促进了建筑业以及传统建材的发展，改进了我国房地产的产业结构及建筑结构。与此同时，绿色建筑还对居住城市的生活安全稳定产生一定的影响，而且有效地维护了生态环境建设系统的健康安全。因此，坚持绿色建筑设计理念，以人、建筑和自然环境的协调发展为目标，在利用天然条件和人工手段创造良好、健康的居住环境的同时，尽可能地控制和减少对自然环境的使用和破坏，充分体现向大自然的索取和回报之间的平衡，将绿色建筑设计理念深入人心。

二、坚持绿色建筑评估标准准则

2005 年我国颁布了关于绿色住宅建设的相关标准及规范，颁布的主要目的就是为了实现建筑工程技术的有效推动及发展，将建筑的资源以及能源可以最大限度地进行应用，而且能够有效地在环境性、安全性、经济性、适用性和耐久性等五大性能方面列出具体详细的技术指标，进而把绿色建筑的真实内涵体现出来。为了给我国绿色建筑提供一个可靠的标准，促进其发展和进步，在 2006 年和 2007 年，建设部又相继颁布了一系列评估标准和规范，为我国绿色建筑评价标识制度的建立奠定了基础。我国在 2008 年又对首批绿色建筑设计者进行了奖励，以此进一步指明了我国绿色建筑的发展方向。

三、坚持绿色建筑的发展目标

我国以实现绿色建筑的总体发展作为可持续发展的战略目标，进一步推动了我国绿色建筑的发展，以极为全面的法律法规和可行的国家政策作为战略发展的主要参考，然后最大限度地推动绿色建筑的发展，通过高端的科技创新水平为绿色建筑打下基础，以正常使用年限的周期作为实践的前提。我国的绿色建筑最基本的发展政策贯彻落实科学发展观，切实转变城乡建设模式和建筑业发展方式，提高资源利用效率，实现节能减排约束性目标，积极应对全球气候变化，建设资源节约型、环境友好型社会，提高生态文明水平，改善人民生活质量的同时制定出符合我国基本国情的绿色建筑设计规划，进而建立科学、合理、可持续发展的评估体系。

四、坚持绿色建筑节能环保原则

绿色建筑理念坚持的主要是资源节约、环境友好以及节能高效等几个方面。其中最重要的方面就是能源方面。即使我国资源丰富、地大物博，也不能无尽地消耗，我国有些资源的消耗量非常大，但是利用率却较低，甚至出现浪费严重的现象。怎样有效地节约资源，减少资源的浪费以及提高能源的重复利用率，将成为我们需要讨论的问题。不管过程多么艰难，我们都要将发现新能源以及合理利用能源的理念融入绿色建筑生态住宅设计和施工过程中来。

近年来，随着人口的增长，我国的土地资源利用率亟待提高，有效地利用土地资源，并有效地改变居住环境和模式，就需要人们从人均生态足迹以及土地生态价值等几个角度来进行考虑，有效的评价一个建设项目对土地资源所产生的影响，就要看其对土地的生态总价值的影响，从而有效地提高建设项目的生态价值。对于政府来讲，一定要积极鼓励大家开垦荒地、劣地来进行项目的建设，进而在提高土地利用率的同时还能实现绿色建筑。对于施工单位来讲在进行项目建设的过程中，尽最大可能地选择绿色建材，节约能源的同时保护环境，选择节能环保和经济性能较合适的建筑材料最有效的方法就是就地取材，要尽可能地避免使用会释放有害物质的建筑材料，并尽可能地选择可再度利用的建材，不要使用一些含有有害物质的建材，选材的时候要看是否可以重复利用，以节约建筑材料。例如，钢结构高层建筑和一体化钢结构。

五、坚持以绿色奥运为特色

我国奥运场馆的建成，充分展示了绿色建筑的设计理念，所有的奥运场馆都有效实现了 50% 以上的节能目标，有些建筑甚至能达到 65% ~ 75% 以上，同时还在外窗和外围护结构上有效实现了节能目标。在积极推广和使用新型能源方面，主要采用了地源、水源热泵、太阳能光伏发电和集热技术等，有效提高了绿色能源节能的比例。在进行奥运场馆的建设过程中，无论是从方案设计、选址以及现场的建筑施工，均在一定程度上考虑到了土地资源的节约和利用情况。例如：奥林匹克公园中心的地下通道，主要呈树枝状分布，能通往"鸟巢"以及"水立方"等比较重要的比赛场馆；其中心区的地下车库更是充分考虑了土地的有效利用，能有效提供千余个停车位；同时，对"水立方"地下空间的有效利用，还在一定程度上达到了有效控制水温和水流等多种功能。我国的奥运场馆在进行设计和建设时都落实了中水和雨水的并用，有效满足了节约水资源的要求。因为在全部的场馆中都应用了中水技术，有效实现了污水的零排放，能分别满足奥林匹克公园景观水系和绿化冲洗水量每年 312 万吨和 157 万吨；另外，还在极大程度上加大了对雨水的回用力度，6 个地下蓄水池一年内能有效处理水资源 5.8 万立方米。绿色奥运场馆的建设，无论是在设计、规划、建设以及使用等诸多方面，都有效实现了绿色、节能、环保的目标。它为我国基于绿色建筑理念的生态宜居住宅设计提供了参考和借鉴，并指明了我国绿色建筑发展的方向和标准，为我国绿色建筑设计人员树立了学习榜样。

总之，绿色建筑是一项节能、环保、高效的系统工程，它不仅是建筑设计人员的责任，更是我们每一位建筑工作者积极参与的重要任务，所以在进行绿色建筑工程的建设时，我们要充分发挥自身的优势，为绿色建筑的发展贡献自己的力量。

第三节 "生态建筑"与"节能建筑"的异同

本节阐明生态建筑与节能建筑的含义，对二者的共性和个性分别展开研究与分析，得出生态建筑和节能建筑将成为未来建筑的重要发展方向。

随着经济社会的高速发展，人民的生活水平不断提高，人们在满足衣食之外更加注重功能性的选择，其中，追求高质量高品质的生活环境表明了人们对建筑的要求越来越苛刻。相对于人们无限的欲望，可供利用的资源却十分有限，人多地少的国情更给资源利用带来了不小的压力。除此之外，资源密集是我国经济建设中产业的主要特点，消耗大、效率低、途径少，随之带来了一系列令人担忧的问题：资源的大量浪费、环境的严重污染、人们的健康得不到有效的保障等等。由上可知，生态建筑和节能建筑将作为拥有巨大潜力的新选择进入人们的生活。

生态建筑是人与自然的和谐，然而生态建筑并不等于绿草如茵、花团锦簇，植物并不是衡量生态建筑的唯一标准。生态建筑的概念是最大限度地利用现有资源和条件，运用科学的知识合理地设计、建造舒适环保的生活住宅。一方面，它讲究可持续，"满足当前的需要又不削弱子孙后代满足其需要能力的发展"，主要表现在倡导节能环保，保证对资源的最大利用，提高对能源的利用效率，减少环境污染；另一方面，贯彻以人为本的理念，将新兴生态技术与有关生态观、有机结合观、回归自然观等环境价值观相结合，统一建筑和环境之间的关系，来提高人民居住品质，平衡与自然、建筑之间的关系。因此，生态建筑将成为 21 世纪新建筑的重要发展方向。

节能建筑是在对建筑规划分区、群体和单体、建筑朝向、间距、太阳辐射、风向以及外部空间环境充分了解研究后，以低耗能为特色的建筑。节能建筑的前提是因地制宜，根据不同地区不同的自然条件，正确处理节能、节地、节材、环保之间的关系。以气候设计和节能为原则，结合公众需要，降低能源的消耗，并且将不断提高能源的利用率作为根本目的，建设一个环保节能的绿色住宅。发展节能建筑对我国的资源利用有着举足轻重的作用。

一、"生态建筑"与"节能建筑"的共同点

（一）贯彻相关政策与法规

我国正处于经济发展的加速阶段，面对巨大的人口数量和有限的自然资源，建筑产业备受压力，国家对能源的节约、人民居住条件的改善给予了越来越多的重视。为了响应可持续发展战略，从 20 世纪 90 年代开始，我国便陆续有效开展相关建筑节能的工作。1990 年，建设部提出了"节能、节水、节材、节地"的战略目标；1998 年 1 月 1 日正式实施《中华人民共和国节约能源法》，建筑节能与生态保护成为其中明确规定的内容。紧接着国家又陆续出台和实施了节能建筑和生态建筑相关政策法规，经济建设与环境保护两手抓，不仅要不断地增强可持续发展的能力和改善生态环境，还要提高资源的利用效率，加强人与自然的联系。

（二）节约资源

二者都强调资源的合理有效利用，重视环境保护在经济发展中的作用：一方面，注重新能源如太阳能的采集和使用，不断开发其他可供利用且效率高的建筑材料，发挥其自带优点以减少对空调等高能耗电器的使用。另一方面，合理有效地利用资源，发挥资源的最大利用效力和效益，减少能源的浪费与消耗，提高能源的利用效率。

二、"生态建筑"与"节能建筑"的不同点

（一）效益不同

生态建筑是经济效益和社会效益的结合，没有废弃物只有放错地方的资源，它充分利用光热水等自然资源，以减少对资源的过度消耗，体现了对资源的合理利用，同时也最大化地降低了对环境的污染，它不仅完美地结合了经济效益与社会效益，也将重点更多地放在社会成本上，改善室内室外环境以为人们打造舒适自然的绿色住所，在打造舒适住所的同时也保障了居住者的生命健康。节能建筑则与生态建筑有所不同，它侧重于经济效益，我国的建筑大部分属于高能耗建筑。建筑能耗约占全社会总能耗的 30%，总量庞大，潜伏着巨大的能源危机。为了贯彻落实可持续发展战略，进一步提高经济的发展，相关的建筑节能设计标准规定陆续出台，节能与发展成为人们关注的重点。

（二）特征不同

节能建筑在于节能，一方面要因地制宜，保证其适应性和灵活性，不同地区的环境各有不同，不同地区下的人文特色和条件也各有千秋，能源消耗量不是固定不变的，它会随着地区的温度、湿度、光照不同而有所改变。另一方面则是要体现其经济性，节能建筑的造价一般高于同类建筑，但要严格控制在一定的价格区间之内，不得超过一般同类建筑物的 20%。生态建筑的着重点则在于环保，不仅要对资源进行合理利用，降低能源的消耗，也要重视环境的保护，降低污染，促进社会、自然、人类的循环发展。

全面、协调、可持续发展离不开生态保护和资源的有效利用，发展节能建筑和生态建筑能够带动多个产业的发展，从而带来巨大的经济、社会、生态效益，同时，二者都强调以人为本、人与自然和谐相处，注重对环境的保护。由此可见，节能建筑和生态建筑必将是未来建筑产业的必然趋势。

第四节　生态建筑建材的节能方式研究

随着我国经济的逐步攀升、工业化进程的不断加速，其带来的影响也不断扩大。雾霾的产生让人们越来越关注环境问题，而建筑行业造成的环境污染，已经被建筑从业人员关注。越来越多的人不再满足于有房子住，而是对建筑物的舒适、绿色、环保提出了更高的要求。本节对生态建筑和生态建材进行阐述，并对生态建材的节能方式进行分析。通过研究生态建材不同的节能方式，设计时针对不同的建筑，选择更加合理的生态建材。

进入 21 世纪以来，我国始终在倡导可持续发展，不论是经济的可持续发展还是社会的可持续发展，都需要以大自然为根本，与自然环境协调一致。建筑行业在过去近 20 年

的发展中，迅速成为我国的支柱产业之一。但同时对环境产生的负面影响也极为严重，主要包括对能源的消耗、有害物质的排放以及建筑废弃物的处理等。建筑行业对环境的影响很大一部分来源于建筑材料，所以生态材料对生态建筑的发展有着至关重要的作用。生态材料的使用不仅可以减少资源的浪费，同时可以保护环境，更能够实现真正的绿色建筑，所以对生态材料的研究非常必要。

一、生态建筑与生态建材概述

具体的生态建筑，是指能够结合建筑当地的自然环境，运用科学的技术手段，使建筑与自然中的各种因素合理地融合在一起，从而形成一个良性的有机体。这样的建筑具备良好的室内气候条件，能够很好地满足人们对居住环境的需求，使人与自然相结合。从一定的层面来讲，生态建筑不是单指某一个或某一类建筑，生态建筑是一个宏观的概念。例如在选择生态建筑的材料时，最好能把这个建筑放到一定的区域方位内去思考，而不是单从这一个建筑上去考虑。

生态建材通常有很多名称，比如经常听到的"绿色建材""环保建材"都是指生态建材，它是指一种既安全又环保健康的建筑材料，更关注材料本身对人体、自然环境的影响。这一类材料对自然的资源消耗少，一般情况下使用城市的固体垃圾进行生产，使材料达到无污染、无毒害、保护环境的目的。生态建材并不局限于一个环节，而是一个系统工程的概念，从材料的设计、生产、应用到废弃物的处理，整个过程中都要与环境相协调。随着人们环保意识的不断增强，使用健康、高效、舒适、优美的环保型建材——"生态建材"成为追求的目标。

二、生态建筑的建材节能方式研究

（一）可再生能源建材节能方式

1.利用太阳能节能

建筑行业中对太阳能的利用已经非常普遍，可以分为太阳能光热应用和太阳能光电应用两种方式。

太阳能的光电应用在发电站应用的情况较多，对于居民各家各户还没有很好地实现单独的太阳能光电应用。太阳能光电应用分为独立光伏发电系统和并网光伏发电系统，应用广泛的是并网光伏发电系统。这个系统是将太阳能发电站所产生的电能，通过光伏并网逆变器和相应的控制系统，输送到外部的电网中，再通过电网传送到各家各户。在我国将来的发展中，需要加大光伏发电的普及力度，更多地关注光伏发电在日常生活照明与电器中的应用。

2. 利用地热能节能

在生态建筑中，很多地方会用到热泵这项技术，是可以使能量从低位热源流向高位热源的装置。通俗地来说，热泵可以将空气、土壤等所含的不能直接使用的低位热能转化为能够利用的高位热能，从而节约煤炭、石油等燃料。在我国北方地区，最常用的是地下水源热泵，与传统的空气热泵相比，地下水源热泵节能效果更好。

3. 利用生物质能节能

生物质是一种可再生的物质，它来自植物、动物和微生物。它主要包括几方面：农作物秸秆和农业加工残余物；林木和林业加工剩余物；人畜粪便、工业有机废物和水生植物；城市生活污水和垃圾。在生态建筑中，有机物经过微生物发酵所产生的沼气可以为人们提供日常所需的能源。这不仅是一种良好的利用形式，也可以与太阳能、热泵相结合，共同实现低碳建筑的目标。想要实现建筑物的零排放，甚至可能产生能量输出，只有对可再生能源合理利用才能实现。

（二）被动式建材节能方式

1. 被动式节能方式的定义

被动式节能方式是指在降低建筑物能耗的同时不使用机械电气设备的技术，这种技术对建筑设计的要求很高，但对机械电气设备的要求较低。详细地来讲，在生态建筑的设计过程中，通过对建筑朝向的布置、遮阳的设计、有利于自然通风的开口设计、建筑外围结构的保温隔热技术等，实现建筑物对采光、通风、采暖、空调等能耗的降低。通俗地来说，这种生态建筑即使在零下二十摄氏度的室外，不需要空调或暖气的热量支持，自身可以维持适宜的温度。这说明建筑物不需要主动供应的能量，只需要通过合理的材料、设计、施工等技术手段就可以实现。

2. 被动式节能方式的实现

在生态建筑中，要实现被动式节能，常用的技术手段有外围护结构、外遮阳、换气系统、气密性等。最常用的是在建筑外围增加维护结构，窗和幕墙是必不可少的，建材中的气凝胶玻璃能够达到高效保温的效果。传统的保温材料附着在建筑物外墙，保温效果不理想且不环保，而气凝胶玻璃不仅环保、密封性好、耐高温，而且方便施工。除此之外，在建筑物的外表面可以由绿植进行覆盖，屋顶可以采用架空的形式，同样使用植被覆盖。生态建筑可以合理地扩大朝南的窗户缩小朝北的窗户，在冬季可以增加南面窗户的采暖，同时减少北面窗户的散热。

（三）被动式生态建筑蓄热节能方式

在生态建筑中，蓄热节能通常采用的是相变材料，这是一种可持续发展的新型建材。相变材料能够在相变的过程中将热量存储在自身之中，也可以将热量输送给周围的环境，所以将这种材料合理地应用在建筑的维护结构之中，可以将室内温度始终保持舒适，减少外界温度变化所带来的影响。简单地来讲就是使用建筑外围结构来进行能量的存储。如果在夏季，夜晚建筑的楼板在通风的作用下降温，白天就使用降温的楼板来吸收室内的热量；如果在冬季，白天利用外围结构吸收太阳能等能量并储存，夜晚将能量释放到室内以减少温度的下降。

所谓"生态建筑"，其实就是将建筑看成一个生态系统，通过设计建筑空间中各种要素，使物质、能源在建筑生态系统内有秩序地循环转换，获取一种高效、低能、无费、无污、生态平衡的建筑环境。本节通过对生态建筑和生态建材的简单介绍，深入探讨了建材的节能方式，由此看出传统建筑中的资源浪费严重，对生态环境造成了极大的影响，不符合我国可持续发展的理念。

第五节　当代住宅建筑设计中生态建筑理论的运用

当代社会不断发展，生态建筑理念深入人心，随后在我国掀起了一股生态狂潮。在住宅建筑设计中，生态建筑理论正逐步发挥它的作用。当下出现的"节能建筑""绿色建筑"等，都是应用了生态建筑理念的。在生态建筑理念大力发展中，它已经对住宅建筑设计产生了极大的影响，并且改善了人类生活环境，人与自然能够和谐相处。本节浅谈生态建筑理论的理念、作用和影响。

科学技术不断创新，产业结构日益优化，近几年全球经济规模的扩大产生的副作用——高碳能源的大量使用导致大气中的二氧化碳含量不断增加，全球气候急剧变化也将影响人们的日常生活。我国建筑业是国民经济增长的主力军，其中年建筑量在世界上名列前茅，但是反观我国城市建筑发展现状，依然存在能耗高、利用率低等问题，因此发展与自然和谐相处的生态绿色建筑对我国居民住宅环境乃至国民经济提升都有着重要意义。

一、生态建筑理论的特点

生态建筑理论是当今全球最为先进的建筑学理论，它的优势在于能合理地使用自然资源，其原理就是在日常建筑工程中，对不可再生能源不造成生产消耗或者减少消耗的一种建筑方式。使用生态建筑理论的建筑物采用了生物学与物理学相结合的原理，有利于改善住宅内部环境、增加空气流动量、增强保暖和采光能力，以此达到真正的生态建筑标准。

二、生态建筑理论在建筑设计中的应用

（一）风环境设计

如果住宅设计不合理，那么会使得建筑物的局部小气候较差。而我们在建筑设计时，已经对风环境与再生风环境的问题进行改造。可现在的问题在于，建筑设计师在设计住宅时只会更多地把设计重点放在建筑平面的功能设计、对外观的设计及整体的空间设计上。对室外的风环境设计反而不够重视，或是只通过自己的以往经验对高层与高密度住宅的气流流动情况进行分析，没有从建筑物本身所在区域的实际情况出发。只有对建筑所在区域进行全方位了解，才能为风环境进行更好的设计。

（二）"热岛"现象

热岛现象的出现与建筑的自身环境还与其气流的流动是密不可分的，而且其与建筑周围的辐射系统也具有一定的联系，所以我们在进行住宅设计时要对其建筑的容积与密度、建筑所使用的建筑材料、整个建筑所进行的内外布局、建筑物周围的绿化程度，还有水景设施等综合因素进行全面考虑。此外，在设计时必须使用合理高效的绿化方式，对整体的布局进行合理的设置，增加建筑区域内的水景设计，这样才能有效地减少热岛现象的产生。建筑生态理论并不是单纯地指其建筑周围的绿化。而是将绿化与自然通风相互利用，这样才能充分发挥绿化在建筑物内外热环境方面的生态作用。

（三）日照、遮阳与采光

夏季对建筑物也有较大的影响，其中阳光的直射还有热辐射，都对建筑物的居住环境产生热环境效应。我们所指的遮阳是对建筑物的外在围护结构进行改造，使其对室内所接受的阳光直射与其辐射量得到减少的过程。最简单的设计方式就是结合当地的实际情况，对日照的具体信息进行分析。通过与单体住宅的相对关系，应用生态理论的方法来设计。

三、建筑住宅设计中生态建筑理论的运用情况

（1）国内对生态建筑理论还在进行系统深入的研究，与国外的生态建筑理论定义存在一定的差异和差距。但一切都是以建筑物周边的自然环境为设计依据，对建筑周围的综合性生态系统进行研究。把建筑与周边环境相结合，使之与周边的生成环境形成一体。以前，我国对生态建筑理论的认识偏颇不到位，认为生态建筑理论即是建筑的绿化，或是觉得生态建筑理论就是建筑节能，但实际上这些认识都是有歧义的。

（2）目前只着重城市的生态建筑理论建设，并没有有效认识到我国农村的生态建筑理论建设的重要性。

（3）多年来，我国对生态建筑理论的应用并不是只停留在文章的讨论上，而是在建筑物的设计与建设当中没有结合实际情况。目前，我国生态建筑理论研究已经略有成效。国内发表的关于生态建筑理论的论文对生态建筑的设计与建设都具有一定的借鉴意义。

四、针对假想绿色生态住宅区的应用假设

假设某工程属于新型绿色生态公寓项目，建筑面积约 20 万 m²，依据绿色生态建设四级标准进行建设，多层次的全方面建设更为舒适健康、环保清洁的生态居住空间。

（1）屋顶及外墙生态设计应用，计划采用的屋顶选用佛甲草整体绿化，这层绿化建设可以有效地在夏季炎热时为内屋降低 2 ～ 3℃，并采用 4.5cm 欧文斯科灵外保温材料系统，可有效在冬季外界寒冷时为内屋保温。在房建四周墙面的设计过程中，注重绿色攀爬植物的种植，像常春藤、爬山虎之类的攀爬植物建立垂直绿化体系，从而起到生物降温的良好作用。在外墙也采用同屋顶一样的 4.5cm 欧文斯科灵外保温材料系统，满足天津市相关建设标准要求。

（2）生态化外窗设计应用，公寓楼的设计整体采用氧化处理过的双层中空玻璃、铝合金材料，并采用 K 值约为 3.0W/（m²·K）的特质门窗，使其具有更强的抗风抗压、水密性、气密性。

（3）以《建筑采光设计标准》为依据，进行生态化采光与通风系统应用在公寓楼的设计规划，即便是在大寒日也能够使得连续满窗两小时日照，进而细化到书房、厨卫、卧室都满足采光的相关要求，设置外窗有利于采光的同时，也有利于通风。其中厨卫两处至少各设置一个通风窗口，甚至在整个住宅公寓中 90% 以上空间通自然风，并在合适的位置设置通风换气的空气质量检测装置，每隔一定时间对屋内整体环境进行检测。

（4）绿色建筑隔音系统设计应用，公寓楼整体的隔音系统的作用主要体现在隔音绿化林、隔音窗、隔音门、电梯隔音、设备减噪等方面。公寓外绿化带有顺序地密植乔灌木，吸纳减弱噪声；每层楼之间的楼板采用隔音性能优良的浮筑楼板，撞击声级可减低至达到国家住宅建设隔音标准一级。对电梯设计要采用无机房通力电梯，并在公寓地下建设地下车库，在空调内外机均配置有效的减震消声装置。使得公寓整体隔音系统达到更高的水平。

（5）水源利用以及节水设计应用，公寓水源利用设计均采用节水水龙头、节水型坐便器以及节水型淋浴喷嘴，总体节水量可达到近 50%。另外公寓整体热水供应愿与太阳能的利用，集中储热，在设计上注意与环境相契合，另外补充电源加热的辅助，确保源源不断有热水。在公寓楼内建设雨水处理利用的设备，处理水量可达 15m³/h，通过收集净化生活废水，实现为周围环境应用提供灌溉、水景观设计补充水源等作用。

（6）公寓垃圾分类回收设计应用，在公寓内的设计均以环保节约型为标准，因此垃圾的分类回收是各系统运作较为重要的一环，要在公寓内外合理设置果皮纸屑箱，确保无明

显外露垃圾，对厨卫垃圾，应定时运送至可降解处理的有机垃圾处理处，从源头上减少垃圾不便性，从而进一步实现排水、通风处设置无多次污染化。除此之外，公寓绿色生态设计还有更为细致方面的应用，对家居、植保、园艺等方面也多遵循相关规划标准进行，以确保建设优质的生态绿色住宅。

在我国国民经济大幅度提高的背景下，可持续发展建设深入人心，经过不断的探索与实践，充分利用资源技术，并初步成立了生态监管制度，其发展在全国都起到楷模作用，也进一步证实了可持续发展离不开生态绿色建筑细化到家庭住宅区，而我国家庭住宅的生态化也必将同步带动可持续发展的进程。

第六节　可持续性生态建筑设计方法在低层住宅结构中的应用

根据可持续生态建筑设计理念，从生态建筑设计影响因素、规划转型、文化理念、结构空间布局、预制式构建设计、环保节能材料选用等方面对国内外关于可持续性生态建筑在低层生态住宅结构中的应用展开研究，研究内容有助于开拓当前国内可持续生态建筑设计的思路，对相关建筑建设结构具有一定借鉴意义。

我国虽地大物博，但人均资源占用量偏低，随经济建设的飞速发展，资源与经济发展间的矛盾日益突出，国家推出了可持续性发展战略，节能、环保、改善生态环境、减少环境污染、延长建筑物寿命的生态建筑将在可持续发展战略中发挥重要作用。

节能建筑的设计和施工是重要和必不可少的部分，现代建筑师的一项重要任务是实现生态建筑的科学规划和设计，这涉及气候、经济、建筑和功能空间等因素。低层住宅建设通常考虑使用更高效、低成本的设计解决方案。本节主要开展可持续性生态建筑设计方法在低层住宅结构中的应用研究，探究低层住宅结构中生态建筑设计的生态、科学和经济的设计方法。

一、可持续性生态建筑设计考虑因素

郊区低层住宅可持续性生态设计方法所考虑因素主要包括：①规划转型的方法，将住宅融入自然、社会和工业环境，逐步发展空间，达到最佳平衡封闭式、开放式和半开放式空间；②融入当地住宅设计的文化传统；③环保、节能的建筑材料的使用；④建筑设计的效率；⑤考虑在建筑物和结构运行期间使用替代能源，设计能量摄入和积聚系统。

二、规划转型的方法

"可持续建筑设计"方法的重要组成部分是计划转换的方法，该方法在以下技术的帮助下实施：

（一）住宅建筑的空间拓展技术

对于"成长中"的郊区房屋，建议采用以下建筑技术：①加热空间与不同"额外"规划元素的组合，这包括宽敞的波纹、画廊、玻璃阳台、棚屋或冬季花园以及逐渐垂直的建筑物延伸；二楼采用开放式露台的布置，如果有可用于楼梯安装的空间，则可以使用它们作为房间的隔热和翻新阁楼空间。②阁楼地板设计为地板，以防人员和家具的负荷增加，以及阁楼空间不含支柱，道具和其他桁架构件。在设计中经常使用悬臂和延伸空间，这可以根据业主的需求增加房屋的面积。在现代建筑实践中，低层住宅系统类似于"模块化"建筑设置，它允许开始规划和建造一个商场区域的房子，然后在不影响已经建成的房间的情况下扩建该建筑物，这种"不断成长建筑"的方法是基于建筑系统与它们可选用的模块化结构相组合，在各个发展阶段都能提供架构解决方案。

（二）实现房屋的封闭、开放和半开放空间的最佳平衡

一个低层住宅在其结构中具有封闭的空间，半开放的阳台、画廊、阳台和完全开放的露台，但没有檐篷或其他庇护所的门廊；而空间扩展到环境中的程度表征了房屋操作的一种或另一种模式，并且需要保护房屋内部空间免受额外太阳、风、冷、雪花圈和沙尘暴的有害影响。通常，在温带气候下，一年中可以使用半开放的可调节空间。在多云天气的情况下，建议使用窗台和"绿色房间"。在冬季，"绿色房间"不包括在房屋的整个空间内，或者可以通过可变形的设备将其隔离。在夏季，房屋旁边带有户外区域的开放"绿色房间"将构成一个单一的开放空间。在可变形外围栏组合下，夏季场所往往可以被包括在集体区域的空间系统中。

三、节能建筑设计

在国外一些受温带气候影响的国家，由于气候条件的特殊性，往往将消耗 1/3 的能源用于建筑物的能源供应方面，所以这些地区建造生态建筑的节能潜力巨大。可持续发展建筑设计方法和相关施工技术被重点用于该地区温带气候地区房屋建造过程中，并在后续运营期间有效减小不可再生能源的消耗。典型的生态、节能建筑物类型包括：①"被动房屋 - 节能房屋"，由于采用最佳的空间规划的建筑和建设性的解决方案，使得热损失最小化；②"被动式太阳能房屋"，采用提高太阳能吸收率的节能房屋而不使用工程设备进行散热；

③ "能源活跃的太阳能房屋"，作为能源损失最小的建筑，它有一个特殊的工程设备来吸收、分配和积聚热量。"被动"房屋的建筑和设计解决方案：①要求房屋在考虑景观的特点同时，要结合当地气候因素，使得建筑物免受风的影响。②要减少建筑物外墙的周长过度的空间不规则性布置，减小房间热量损失。同时，要考虑房屋冬季暖气的合理供应以及夏季隔热设施的设计（阳台、棚屋、附属建筑物等），同时，应重点考虑建筑物能源的合理分配。③要考虑建筑物外墙封闭材料的选用，由于建筑物几乎总是以热量的形式丧失能量，增强建筑物外壳的密封性，对冬季严寒地区的供暖设施的高效利用非常重要。

本节结合国内外低层生态建筑的设计特点，主要探讨可持续性生态建筑设计方法在低层住宅结构中的应用研究，归纳主要结论如下：

（1）一些创新绝热材料和技术方法越来越多地应用到低层生态住宅建设中，通过这些材料和技术的巧妙结合，给予设计师更多空间来确保建筑物节能和环保设计理念的展开。

（2）国外低层生态住宅从规划转型、地区文化理念、结构空间布局、预制式构建设计、环保节能材料选用、隔热方案设计等方面进行综合设计，强调建筑物与自然环境的协调，值得借鉴学习。

（3）可持续发展战略已列入我国今后核心发展战略之一，关系到我国经济的转型，科学合理地开展可持续生态建筑的设计和建造，有助于解决资源与经济发展间日益突出的矛盾，对改善生态环境、减少环境污染意义重大，为未来建筑指明方向。

第七节　建筑生态环境与节能效果综合评价

本节着重对我国生态环境的现状以及建筑行业的发展现状进行说明，提出我国建筑行业在节能设施建造上的环保理念及应用方法，针对我国未来的生态环境环保发展策略的讨论，并对建筑的传统节能理念进行阐述。

我国建筑行业发展至今已带领我国社会经济走上了可持续发展的道路，但在经济飞速发展的同时，建筑行业带来的污染也同样关系着我国民众的身心健康，因此合理地对建筑行业施工工序加以规定是建筑行业未来发展的重要趋势。自步入 21 世纪以来我国一直在关注建筑业建造的建筑物的节能效果，为合理减少我国的能源消耗，并且控制我们身边环境的迅速恶化。本节对这两个问题的关联性展开探讨，并分别就这两个问题中存在的客观因素进行分析。

一、使用传统施工技术存在的不足之处

（一）传统施工技术施工时具有环境污染的特性

伴随着我国民众对生活舒适度的要求越来越高，我国建筑在能耗上也远远超过过往的能耗标准，在我国南方地区因为和北方地区地域上的差异，南方地区居住的人们经常性使用空调等智能供暖设备并随之产生大量的电能量消耗，其对环境的影响可想而知，而在我国北方地区这种情况则要明显改善很多，北方的四季气候较为明显，并且冬季可依靠地热或暖气度过寒冬，在北方居住过的人们都了解北方人在冬天的取暖方式主要是利用燃烧燃料来取暖，而非南方地区的电力取暖。

因此，在建筑设计上，北方的建筑明显要比南方某些地域的建筑在结构上要复杂很多，其中供暖设施就是最大的不同点。我国北方地区的建筑物一般要长于南方的建筑物，这其中的原理主要是北方的墙体在建造期间为了应对北方的气候加入了墙体的保护措施，该措施在保护墙体的同时，也起到了延长建筑物寿命的作用。因此南方的部分建筑设计师应从建筑的布局以及构造重新入手对建筑的节能设计，相信这个问题在我国建筑行业未来的不断发展中会有更好的改善。

（二）传统施工技术易现污染

针对建筑施工下环境的污染问题，这里着重说明建筑物建设期间的污染状况，施工方应综合分析整体的施工工序，并针对工序问题进行汇总处理，其中比较明显的问题施工方要进行重点标注，而对一些比较明显的问题施工方要立即采取措施给予解决。

一般来说，这类问题的出现是由于施工技术以及施工方对建筑的能源处理不恰当所造成的，因此我们从客观角度来说应重点针对建筑的生态环境进行其评价系统的制定，并依据此系统对建筑的部分结构进行评定，其评价机制越是详细建筑的节能措施实施工作在之后越容易实现，此评价系统还被作为建筑生态环境的技术核心被应用于建筑工地中，其利用智能化的方式实现了绿色施工的可持续发展。

（三）传统技术产生废气对环境造成的负面影响

在我国环境影响建筑风格这样的情况屡见不鲜，我国科研人员就建筑施工中出现的这一问题给予了高度关注，并且对建筑工地的节能建筑建造效果给予了与之对应的建造基准，我国今后的节能建筑的建造标准都是基于这个一基准。在这一有力标准机制的衡量下，我国早年间建造的大部分建筑物都是不合格的，因此针对这些不合格建筑，我们可以对其进行后期的建筑补救，合理运用补救措施，可有效改变我国建筑行业的现状。

二、基于节能理念的建筑施工技术研究

（一）节能理念施工技术对施工现场的控制

节能理念施工技术的应用中所包含的评价策略主要分为两大类，对施工工序规划以及建筑用施工图纸的设计，将二者适当地结合并制定出建筑施工的审核机制。其审核机制只要源于施工方被授予的能源节能效果，在这一机制中的系统具备了一定程度的一致性，其本身就如同生态环保原理一般。在机制的实施下施工方不仅更易归纳施工现场的评定系统，并可以同时提升建筑物的节能效果。

（二）节能理念的施工技术对施工环节进行控制

在分析的基础上，得到居住小区内的噪声分布，可以看到，颜色愈深的建筑所处的声环境越差，在没有设防噪绿带等降噪措施的情况下，其临街一面的室外噪声级不能满足居住IX：室外白天低于50dB、夜晚低于45dB的国家标准。为此，笔者对合理降噪提出了建筑群空气流场的分析标准，仍以前述居住小区为例，这种高层建筑、多层建筑混合存在的小区，其建筑群内部的空气流动情况对其微气候有着重要的影响，局部风速太大可能对人们的生活、行动造成不便，也有可能在某些地方形成旋涡和死角，不利于室内的自然通风。因此，业主提出在规划设计阶段预测居住小区内的空气流动状况，以对小区内微气候做出合理的评价。

三、节能理念是今后建筑生态环境的重点推广对象

（一）使用节能理念排除施工现场的非人为因素

施工现场中包含着一系列非人为因素，这些因素主要是由地理环境的气候所造成的，通常我们会针对空气流速的分布图对天气进行判断，其中冷色就代表着气温即将下降，这时的户外天气通常表现为无风且天空万里无云。我们都知道气流对风速的影响非常大，气流的流通速度加快代表着风速和风力也随之加强。

我国相关科研人员的研究表明，建筑施工现场的气流将会对施工现场的建造产生一定程度的影响，因此在南方的春季和北方的冬季建筑施工者都会停下手里的工作，其主要原因就在于在这样的气候下进行施工建造会严重影响工程的质量。

（二）使用节能理念的施工技术防止施工现场

结合建筑群空气流动分析，在相关研究的基础上，笔者预测居住小区不同位置小范围内的逐时气温，同时进行比较并给出评价。所得结果既可为居民选择适合个人习惯的工作生活环境提供参考，同时也能为改善居住小区热环境指明方向。某居住小区中不同位置的

热岛强度变化情况。其中的原因在于居住小区建筑布局合理、建筑间距选择合适 (天空视角系数较高而有利于长波辐射冷却，而且集中绿地多、绿化好，并或多或少地采用了人工水景布置，使得其与空气的热湿交换加强，有效地降低了空气的温度)。值得一提的是，环境最好的区域均为小区居民日常生活、起居、休憩、娱乐等活动的主要场所，该区域内健康适宜的温度环境将有利于居民的室内外生活质量的提高。

我国为加强建筑行业的建设工作，在政府的不断鼓励下已综合相应的评价机制系统，对我国还处于建设中的工程项目进行与之相应的评价系统的制定，并根据其具体情况逐渐完善，在建筑环境和节能效果综合评价理念的应用过程中，我国目前已经彻底明晰了建筑生态环境中所包含的真正内涵，并及时进行了建筑节能概念的推广工作，为我国未来的可持续发展做了一定程度上的探索。

第七章　生态建筑仿生设计

第一节　生态建筑仿生设计的产生与分类

一、建筑仿生设计的产生

建筑仿生是建筑学与仿生学的交叉学科。为了适应生产的需要和科学技术的发展，20世纪五六十年代，生物学被引入各行各业的技术革新中，而且首先在自动控制、航空、航海等领域取得了成功，生物学和工程技术学科结合渗透从而孕育出一门新生的学科——仿生学。1960年9月美国空军航空局在俄亥俄州的戴通召开的第一次仿生学会议标志着仿生学作为一门独立学科的诞生。在建筑领域里，建筑师和规划师也开始以仿生学理论为指导，系统地探索生物体的功能、结构和形象，使之在建筑方面得以更好地利用，由此产生了建筑仿生学。这门学科包含了众多子学科，如材料仿生学、仿生技术学、都市仿生学、建筑仿生细胞学和建筑仿生生态学等。建筑仿生学将建筑与人看成统一的生物体系——建筑生态系统。在此体系中，生物和非生物的因素相互作用，并以共同功能为目的达到统一。它以生物界某些生物体功能组织和形象构成规律为研究对象，探寻自然界中科学合理的建造规律，并通过这些研究成果的运用来丰富和完善建筑的处理手法，促进建筑形体结构以及建筑功能布局等的高效设计和合理形成。

建筑仿生设计是建筑仿生学的重要内容，是指模仿自然界中生物的形状、颜色、结构、功能、材料以及对自然资源的利用等而进行的建筑设计。它以建筑仿生学理论为指导，目的在于提高建筑的环境亲和性、适应性、对资源的有效利用性，从而促进人类和其生存环境间的和谐。在建筑仿生设计中，结合生物形态的设计思想来源深远，与建筑史有着紧密的联系，它为建筑师提供了一种形式语言，使建筑能与大众沟通良好，更易于接受，满足人们追求文化丰富性的需求。建筑仿生设计还暗示建筑对自然环境应尽的义务和责任，一栋造型像自然界生物或是外观经过柔和处理的建筑，要比普通的高楼大厦或是方盒子建筑更能体现对环境的亲和，提醒人们对自然的关心和爱护。

二、建筑仿生设计的分类

建筑仿生设计一般可分为造型仿生设计、功能仿生设计、结构仿生设计、能源利用和材料仿生设计等四种类型。造型仿生设计主要是模拟生物体的形状颜色等，是属于比较初级和感性的仿生设计。功能仿生设计要求将建筑的各种功能及功能的各个层面进行有机协调与组合，是较高级的仿生设计。这种设计要求我们在有限的空间内高效低耗地组织好各部分的关系以适应复合功能的需求，就像生物体无论其个体大小或进化等级高低，都有一套内在复杂机制维持其生命活动过程一样。建筑功能仿生设计又可分为平面及空间功能静态仿生设计、构造及结构功能动态仿生设计、簇群城市及新陈代谢仿生设计等。结构仿生设计是模拟自然界中固有的形态结构，例如生物体内部或局部的结构关系。结构仿生设计是发展得最为成熟且广泛运用的建筑仿生分支学科。目前已经利用现代技术创造了一系列崭新的仿生结构体系。例如，受柱子和茅草的中空圆筒形断面启发，引入了筒状壳体的运用，蜘蛛网的结构体系也被运用到索网结构中。结构仿生可分为纤维结构仿生、壳体结构仿生、空间骨架仿生和模仿植物秆茎的高层建筑结构仿生四种。能源利用和材料仿生是建筑仿生设计的新方向，由于生态建筑特别强调能源的有效利用和材料的可循环再生利用，因此它是建筑仿生设计未来的方向。

第二节　生态建筑仿生设计的原则和方法

一、建筑仿生设计的原则

（一）整体优化原则

许多在仿生建筑设计上取得卓越成就的建筑师在设计中非常强调整体性和内部的优化配置。巴克敏斯特·富勒集科学家、建筑师于一身，很早就提出："世界上存在能以最小结构提供最大强度的系统，整体表现大于部分之和。"他执着于少费多用的理念创造了许多高效经济的轻型结构。在他思想指引下的福斯特和格雷姆肖通过优化资源配置成就了许多高科技建筑名作。

（二）适应性原则

适应性是生物对自然环境的积极共生策略，良好的适应性保证了生物在恶劣环境下的生存能力。北极熊为适应天寒地冻的极地气候，毛发浓密且中空，高效吸收有限的太阳辐射，并通过皮毛的空气间层有效阻隔了体表的热散失。仿造北极熊皮毛研制的"特隆布墙"被广泛地运用于寒冷地区的向阳房间，对提升室内温度取得了良好的效果。

（三）多功能原则

建筑被称为人的第三层皮肤，因此它的功能应当是多样的：除了被动保温，还要主动利用太阳能；冬季防寒保温，夏季则争取通风散热。生物气候缓冲层就是一项典型的多功能策略，指的是通过建筑群体之间的组合、建筑实体的组织和建筑内部各功能空间的分布，在建筑与周围生态环境间建立一个缓冲区域，在一定程度上缓冲极端气候条件变化对室内的影响，起到微气候调节效果。

二、建筑仿生设计的方法

（一）系统分析

在进行仿生构思时，首先要考虑自然环境和建筑环境之间的差别。自然界的生物体虽是启发建筑灵感的来源，却不能简单地照搬照抄，应当采用系统分析的方法来指导对灵感的进一步研究和落实。系统分析的方法来源于现代科学三大论之一——系统论。系统论有三个观点：①系统观点，就是有机整体性原则；②动态观点，认为生命是自组织开放系统；③组织等级观点，认为事物间存在着不同的等级和层次，各自的组织能力不同。元素、结构和层次是系统论的三要素。采用系统分析的方法不仅有助于我们对生物体本身特性的认识与把握，同时使我们从建筑和生物纷繁多变的形态下抓住其共同的本质特征，以及结构的、功能的、造型的共通之处。

（二）类比类推

类比方法是基于形式、力学和功能相似基础上的一种认识方法，利用类比不仅可在有联系的同族有机体中得出它们的相似处，也可从完全不同的系统中发现它们具有形式构成的相似之处。一栋普通的建筑可以看成生命体，有着内在的循环系统和神经系统。运用类比的方法可得出人类建造活动与生物有机体间的相似性原理。

（三）模型试验

模型试验是在对仿生设计有一定定性了解的基础上，通过定量的实验手段将理论与实践相结合的方式。建立行之有效的仿生模型，可以帮助我们进一步了解生物的结构，并且在综合建筑与生物界某些共通规律的基础上，开发一种新的创作思维模式。

第三节 生态造型仿生设计

在大自然当中有许多美的形态，如色彩、肌理、结构、形状、系统，不仅给我们视觉的享受，还有来自大自然的形态效仿给予我们的启发。建筑师对自然景观形态的认识，不断地丰富建筑的艺术造型，因为住房环境需求在不断地提升和变化，建筑造型的要求也在不断地增加，对自然界的美丽形态进行观察和利用，大自然拥有建筑造型取之不竭的资源，因而我们的生活和大自然之间的联系就更加紧密。

一、仿生建筑的艺术造型原理

鸟使用草和土来建造鸟巢的方式和很多民族建筑的风格相似。建筑学家盖西认为，造型形态体现的方式就是聚合、连接、流动性、对称、透明、凹陷、中心性、重复、覆盖、辐射、复加、分开和曲线等。

（一）流动性

这是动感的曲线与自然界之间的密切联系。例如，在动物进行筑巢的时候，更加倾向于曲线的外形。这就体现出动物出于本能将其内部的空间和其活动与生活习性之间的结合。这样运动和空间之间的联系，就注定了不同物种在构建隐身的地方有丰富的曲线，就像日本的京都音乐厅，由曲线来制作玻璃幕墙，可以说是曲线建筑的代表之作。

（二）放射性

这就和辐射感相似，由中心圆辐射不完整的线条。例如，叶脉和植物中花片的线条，鸟类的尾部和双翼、孔雀开展的屏，在很大程度上都对建筑组合和建筑装饰造成了影响。美国的克莱斯勒大厦屋顶的装饰，就是运用了辐射建筑的装饰方式。美的广泛性原则，就是能够体现出建筑形态和自然形态的相似性，对建筑物模仿生物艺术造型的必要性进行了充分的体现。

（三）循环普通的规律和原理

例如：贝壳的外形。经过研究我们可以知道，导致美学遐想主要是由于贝壳美丽的外形。一个建筑物的设计，不管是其形式美，还是功能建筑与自然界许多生物相似。在自然界当中，很多物种为了能够生存下去就需要对自身的美进行展示，展示其形态和绚丽色彩。因此，能够辩证地认为"真"和"美"的关系就是"功能和形态"的关系。在建筑进行仿生设计的时候，功能和形态结构也有着相类似的关联，生物体当中的支撑结构功能和建筑物当中的支撑部分功能是一致的。一般的支撑结构需要符合美学功能相同的需求，只有使用合理，拥有正常的生态功能，仿生建筑结构的美感才可以得到真正体现，实现"真"和"美"的和谐。

如今的社会发展迅速，越来越多的人整天游走于繁忙的工作中，人们面临巨大的生活与工作压力，人们渴望山川，渴望河流，渴望与大自然的密切接触，所以仿生建筑应运而生，并迅速地获得了人们的欢迎。仿生建筑的造型设计来源于自然与生活，通过对自然界中各种生物的形态特性等进行研究，在考虑相应自然规律的基础上进行设计创新，进而使得整个仿生建筑与周围环境实现很好的融合，也能保证仿生建筑的相应性能，还能满足人们对于自然的追求与向往。

二、仿生建筑造型设计的类型

（一）形态仿生的建筑造型设计

所谓形态仿生指的是从各种生物的形态方面，大到生物的整体，小至生物的一个器官、细胞乃至基因来进行生物的形态模拟。这种形态仿生的建筑造型设计是最基本的仿生建筑造型设计方法，也是最常见、最简便的仿生建筑造型设计方法。这种形态仿生的造型设计有很多的优点，一方面由于设计外形取材于生物，所以能够很好地与周围的环境融为一体，成为周围环境的一种点缀，弥补了水泥建筑的不足，而且某些形态设计能很好地反映出建筑的功能，给人一种舒适感。另一方面，建筑设计仿照当地特有的植物或者动物形态，对当地的环境人文特色等有很好的宣传作用，能够让人从建筑上就感受到这个地方的自然之美与神秘，继而带动当地旅游等产业的发展。

（二）结构仿生的建筑造型设计

所谓的结构仿生既包括通常所提到的力学结构，还包括通过观察生物体整体或者部分结构组织方式，找到与建筑构造相似的地方，进而在建筑设计中借鉴使用。生物体的构造是大自然的奇迹，其中蕴含着许多人类想象不到的完美设计，通过借鉴生物体自身组织构造的一些特点，可以解决我们在建筑造型设计中无法克服的难题，实现更好的设计效果，更好地保障建筑的性能。

（三）概念仿生的建筑造型设计

概念仿生的建筑造型设计就是一种抽象化仿生造型设计，这种设计方法主要是通过研究生物的某些特性来获得内在的深层次的原因，然后对这些原因进行归纳总结上升为抽象的理论，然后将这个理论与建筑设计相结合，成为建筑造型设计的指导理论。

三、仿生建筑造型设计的原则

（一）整体优化原则

仿生建筑的造型设计相对于传统的建筑造型而言，具有新颖、独特、创新等特点。这也是仿生建筑造型设计者所追求的结果，他们旨在创新一种全新的建筑造型设计，突破以往传统建筑的造型设计，改变传统建筑造型的不足，给人一种耳目一新的感觉。这种追求无可厚非，但是设计不只是追求创新就可以的，要以建筑的整体优化为根本，如果建筑的造型过于突兀，与整个建筑显得格格不入，那这个建筑的造型设计就是失败的，因此仿生建筑造型设计在追求创新的同时，一定要保证建筑的整体得到优化。

（二）融合性原则

所谓的融合性原则指的是建筑的造型设计要与周围的环境相互融合，不能使整个建筑与周围的环境相差太大，格格不入。就像生物也要与环境相融合一样，借鉴生物外形、特性等设计的建筑造型，也一定要与周边的环境相互融合、相互映衬，才能保证建筑存在的自然性，就像建筑本就是环境中自然存在的一般，给人一种和谐统一的感觉，而不是像在原始森林中见到高楼大厦的那种惊恐感。有很多的建筑都很好地体现了这种融合性的原则，使得建筑的存在浑然天成。

（三）自然美观原则

仿生建筑的造型设计无论如何追求创新，最终的目的都是设计出自然的、美观的、给人带来舒适感的建筑。仿生建筑的造型设计取材于大自然的各种生物形态等，具备自然的特性是必需的。另外，美观也是建筑造型设计所必须具备的，谁都不喜欢丑陋的建筑造型，美观的建筑造型设计可以给人一种心灵上的愉悦感，使人心情舒畅。

四、仿生建筑的艺术造型方式

对仿生两字从字面上的分析就是对生物界规律进行模仿，所以仿生建筑艺术造型的方式应该来源于形态缤纷的大自然。我们经过对奇妙的自然认识以后，通过总结和归纳，把经验用在建筑的设计上，仿生建筑艺术的造型方式能够定义成形象的再现（具象的仿生）以及形态重新创新（抽象的转变）两种形态。

（一）形象的再现

具象的模仿属于形象的再现，这其实就是对自然界一种简单的抄袭，我们对自然形态进行简单的加工和设计以后运用在建筑的造型上，就会有一种很亲切的形象感觉，这是由于形态很自然。能够将仿生建筑的具象模仿由两个角度来进行定义，分成建筑装饰模仿以及建筑整体造型的模仿。

早在希腊、古埃及与罗马的柱式当中，特别是在柱头上面，经常发现运用仿生装饰造型。建筑装饰的仿生在很久以前还有避祸、祈福以及驱鬼的含义。目前的建筑设计当中，使用仿生艺术装饰的办法有许多。例如：汉斯·霍莱茵对维也纳奥地利旅行社的设计，在下层大厅当中，运用零星的点缀对金属形成的梧桐树进行了装饰，金色的树叶和树干使我们能够想起热带风情当中灼热的太阳，灯光在金属树木和金色的树干之间相互的折射，使我们仿佛置身在南方的热带风情园当中。迪士尼世界当中的海豚旅馆以及天鹅旅馆许多的贝壳与天鹅造型都被雕塑使用在建筑的外立面上。

（二）对形态进行重新创新

对形态进行重新创新，就是抽象的变化，这也是经过自然界的形态加工形成的，但是这只不过是通过艺术抽象的转变，并且将其使用在建筑造型的设计当中，和具象模仿的方式进行比较，经过抽象的变换，得到的建筑造型特色以及韵味就会更强，这也是常见的使用仿生方式的一种。与此同时，应该要求建筑设计者审美、创新和综合能力具有比较高的水平，能够对自然形态合理地进行艺术抽象处理，并且成为独具特色的有机建筑造型。对自然和建筑的和谐进行追求，自然形态和建筑艺术造型相融合。建筑大师高迪是抽象表现主义的杰出代表，在其对代表作巴塞罗那神圣家族的教堂创作当中，高迪使用自己独特的设计语言，对哥特式传统符号的形象进行了诠释。

仿生形态具有非常丰富的语言，在自然界当中有很多形态结构导致仿生设计拥有独特性，这种独特性对设计的形式语言进行了丰富，无形、有形的规律使得建筑的设计语言更加独特和丰富。经过上面的论述，我们能够知道仿生设计在景观的设计当中运用的前景非常关键，仿生设计元素在景观设计当中广泛的运用使得景观艺术能够更加丰富，是对景观设计的可持续发展的一种促进，大自然是我们人类最好的导师，在景观的设计当中应该对生态的原则进行尊重、对生命的规律进行遵循，把科学自然合理的、最经济的效果使用在景观的设计当中，这是对人类艺术和技术不断的融合和创造，这是我们对城市、自然以及和谐共处美好的向往。

五、仿生建筑造型设计的发展方向

（一）符合自然规律

仿生建筑的造型设计是从自然界的生物中获得灵感，并进行造型创新。但在对仿生建筑进行造型设计时，并不是随心所欲的，一定要符合相应的自然规律。很多仿生建筑的造型设计新颖美观，但违背了自然规律，使得相应的建筑在安全等性能上存在重大的问题，严重影响了建筑的整体。现在的仿生建筑的造型设计还大多停留在图纸上，投入实践的还为数不多，经验积累也不够。因此未来的仿生建筑的造型设计一定要积极地观察相应的自然规律，然后进行图纸设计，设计施工，使建成的仿生建筑在符合自然规律的前提下实现创新。

（二）符合地域特征

建筑是固定存在于某个地方的，是不能随便移动的。各地的自然地理、文化、经济等条件都各不相同，各有自己的特征，因此在仿生建筑的造型设计上自然也要有所区别，使得仿生建筑的造型设计可以体现出当地的各种特征来，才能与当地的环境更好地相互融合。就像传统的建筑造型设计一样，老北京的四合院、陕西的窑洞等，不断兴起的仿生建筑也要有自己独特的符合地域特征的造型设计，使得整个设计在满足当地地理人文的同时，又可以对当地有很好的宣传作用，成为所在区域的象征。

（三）要与环境相和谐

建筑设计讲究"天人合一"，仿生建筑也不例外。在仿生建筑的造型设计时一定要观察考虑周边的环境特征，使整个造型设计与周边的环境能够实现很好的统一，这也是仿生建筑造型设计融合性原则的要求。要想使得整个建筑不突兀，就必须重视建筑周边的自然环境，更何况是仿生建筑。仿生建筑要想更好地发展，就必须使其造型设计朝着与环境相和谐统一的方向不断地发展创新。

仿生建筑是未来建筑行业重点发展的方向，我们在经济发展的同时，越来越关注自然与环境的发展。因此积极地做好仿生建筑造型设计的发展创新十分重要，在仿生建筑的造型设计上坚持整体优化、相互融合、自然美观等原则，从观察大自然的过程中不断完成仿生建筑造型设计的形态仿生、结构仿生、概念仿生，使得仿生建筑的造型设计取材于自然，又与自然很好地融合在一起，实现仿生建筑基本性能的同时，又使其与自然环境实现和谐统一。

第四节　基于仿生建筑中的互承结构形式

一、仿生建筑学

仿生学形成于 20 世纪 60 年代，是一门交叉学科。其中包含了生命科学与机械、材料和信息工程等。仿生学随着科技与时代的发展不断深化着并且有着明显的跨学科特征。自然界的生物形态万千，它们有着不同的体态特征和独特的存在方式。通过认清客观生物自身形体特点探寻空间结构形式和构造之间的关系，能更好地融入自然、顺应自然并与自然生态环境相协调，保持生态的平衡发展。所以从另外一个角度来说，仿生学的建筑也等同于绿色建筑。仿生学的重点在于仿生原型的相似性以及仿生整体的综合性。

建筑仿生是科研界一直提及的老课题，互承结构也可作为仿生建筑结构却是近现代时期的一个新的视角。人类社会从蒙昧时代进入文明时代就是在模仿自然和适应自然界规律的基础上不断发展起来的。各个学科不断碰撞交融产生新的交叉学科，建筑亦是如此。

从古至今，人们的居住环境从洞穴到各类建筑无一不留下模仿自然的痕迹。但是，随着工业化的高速发展，非线性的建筑形式越来越受青睐，这就意味着仿生建筑必须要有新的突破才能更好地适应日益变化的建筑大环境。

二、互承结构

互承结构是古老而又新颖的存在。古老是因为虽然没有对互承结构详细的资料分析，但还是有学者探究到早在1250—1255年间，就发现了维拉尔·德·奥内库尔手稿中设计过一种平面互承结构。文艺复兴时期也发现了出自文学巨匠之手的多重互承结构手稿。甚至有人提出其应用最早可以追溯到新石器时代，因纽特人与印第安人居所所使用的帐篷结构。在国内，更有学者研究称《清明上河图》中的"虹桥"就是中国古代最早出现的互承式结构。著名的桥梁专家唐寰澄对虹桥的力学特性及设计构造进行了深入研究，也证实早期主要分布在我国浙闽山区的虹桥就是一种互承结构。新颖则是因为互承结构的应用虽然由来已久，但是却不曾被连续地规模化发展。它的复杂结构特性及不够了解的神秘性还是被外界认为是种新颖的结构形式。20世纪80年代，格兰汉姆·布朗 (Graham Brown) 正式提出了互承结构 (reciprocal frame structure) 的术语。他把互承结构定义为可以用作屋顶的风车形结构形式，其构件串联成一个封闭的循环阵列从而组成能够覆盖一片圆形区域的形式。

随着研究人员不断对互承结构的探索与完善，互承结构按照自身的空间形式可分为一维、二维和三维。一维互承结构就是类似于"虹桥"的结构形式，即基本单元的一维延伸。二维互承结构是将基本单元扩展到二维曲面形成一片能够覆盖二维的自承重的结构。三维互承结构则是指能够在一个三维空间内支撑起一个以互承结构为主体的空间区域。

设计实践并没有想象中顺利，因为学术的研究和重视并没有将"互承式结构"落于实处。资料的匮乏让研究几次陷入停滞的状态。以互承结构存在的建筑形式在我国更是罕见。"互承式结构"在建筑和设计领域上不可替代的意义，并没有帮助它发挥出真正的功效。

或许在一开始，"互承式结构"陈旧的理念并没有一定的吸引力，有太多的原因让它不能展示其真正耀眼的一面。现如今它已经被初步挖掘，大量关于互承结构的小模型和中小规模的设计成品出现在各个高校的美术馆展馆。原本一个个平淡无奇的插件，在不断排列重组有序的变换中展现了互承结构机械又富含韵律的美。在工业不断推进以代替人工的时代，这种单一有序的构件制作也会越来越方便，人工成本也会随之大大削减。今后的节能建设和成本建设必定成为建筑界的主流，"互承式结构"有它成为结构主流之一的理由。

但是，"互承式结构"也存在着它必须面对的缺陷和不足。单个构件制作虽然方便，其用量却大，插接件的距离决定该建筑物整体的形式。所以在每个插件互相受力的运算上需要极大的时间，而且不容有差错。这也是现在中小型规模的成品和小件会有很多，大型建造很少的主要原因之一。

三、仿生建筑与互承结构的交汇融合

生物的骨骼亦可以当作"互承式结构",同时又符合仿生建筑的类别。与其说仿生建筑与互承结构交汇融合,不如说互承结构就应当归属于仿生建筑的类别之中。互承结构是由一个单一的插件组合生成,其原理就是自然界中动物骨骼简化重组达到自然支撑自成体系的结果。不管是对单个支撑件的研究还是最后整个结构的形态都符合仿生建筑学的分类。因此想要做好互承结构的研究就需从仿生建筑学里去追溯其本源。在前期搜集资料的过程中研究归纳了很多知名建筑设计师具有代表性的仿生建筑作品。例如,德国以蝴蝶为原型的不莱梅高层公寓;卡拉特拉瓦于1992—1995年设计的位于西班牙的特内利非展览厅,就是对鸟的模仿;北京的鸟巢体育馆、印度的莲花寺、芝加哥的螺旋塔等全是由对自然界的仿生灵感而诞生的建筑。

四、互承结构在实际生活中的应用

互承结构单一的构件组成及其有韵律的形态展现多用于公共艺术中的大型搭建类构筑物设计。通过外部形态的形式与内部结构或者内部空间结构结合,表现出设计师希望观众探索发现其中的内涵关系。而一个完整的构筑物设计中包含该艺术作品所在的场地与实现搭建的材料,艺术家所想表达的情感及受众的直接感受与体验。

构筑物设计最首要的任务是让观众接触构筑物、融入构筑物环境。观众的介入和参与搭建构筑物不可分割。通过场地的布置,可以让观众自发参与其中,自由方便地进出和通行,或者在空间有一定容量的情况下展开适当的活动。这就与互承结构达到了一种契合。

艺术分类之间是无边界的,很多设计分类都是交汇融合的。本节主要是通过对仿生学的概念研究,仿生学对建筑形态影响的环境下探索互承结构的空间表达。通过参数化的方式把仿生学与二维互承结合形成不再是单一单元件构件而成的空间构造方式,而是更复杂和多元化的形式展现。不足之处就是对于材质方面的探索略显单薄,什么样的材质才适用于互承结构的实现,希望后期可以在建筑形态更加丰富的基础上适用于更多变的材质,达到对互承结构更深层次的研究。

第五节　生态结构仿生设计

如今,社会在蓬勃发展,人们早已不再满足于吃饱穿暖的阶段,对物质和审美的需求日渐高涨,建筑的意义不再只是单纯的遮风挡雨,同时还得兼具美观与实用价值。因此,结构仿生在大跨度建筑设计中的重要性不言而喻。本节从结构仿生和大跨度建筑设计两方

面入手，通过查阅整理，对结构仿生的概念、结构仿生的发展和结构仿生的科学基础理论进行系统的研究，总结出结构仿生的方法和应用特征。然后概括大跨度建筑的结构设计特点，结合相应的案例分析，最后得出结论，并就这一结论对结构仿生在大跨度建筑设计中的应用提出改进意见。

一、结构仿生

（一）结构仿生的概念

了解结构仿生的概念，首先要先了解仿生学的概念。仿生学一词是由美国斯蒂尔根据拉丁文"bios（生命方式的意思）"和字尾"nlc（具有……的性质）"构成的。斯蒂尔在1960年提出仿生学概念，到1961年才开始得以使用。他指出，"某些生物具有的功能迄今比任何人工制造的机械都优越得多，仿生学就是要在工程上实现并有效地应用生物功能的一门学科"。结构仿生（Bionic Structure）是通过研究生物肌体的构造，建造类似生物体或其中一部分的机械装置，通过结构相似实现功能相近。结构仿生中分为蜂巢结构、肌理结构、减粘降阻结构和骨架结构四种结构类型。

而本节研究的结构仿生建筑则是以生物界某些生物体功能组织和形象构成规律为蓝本，寻找自然界中存在许久的、科学合理的建筑模式，并将这些研究结果运用到人类社会中，确保在建筑体态结构以及建筑功能布局合理的基础上，做到美观实用。

（二）结构仿生的发展

仿生学的提出虽然不算早，但是它的发展大概可以追溯到人类文明早期，早在公元8000多年前，就有了仿生的出现。人类文明的形成过程有许多对仿生学的应用，例如，在石器时代就有用大型动物的骨头作为支架、动物的皮毛做外围避寒而用的简易屋棚。这就是最早以动物本身为仿生对象的结构仿生。只是那时候的仿生只是简单停留在非常原始的阶段，由于生存环境的恶劣，人类只能模仿周围的动物或者从自然界已有的事物中获取技巧，以此保证基本的生存。因此，从古代起，人们已经在不知不觉中学习了仿生学，并加以利用。

随着现代科学技术的不断进步，仿生学的概念也被不断完善和改进，逐步形成系统的仿生学体系。实质上看，仿生学的产生是人类主动学习意识下的产物。它给人类带来了创新的理念与学以致用的方法。使人类以不同的视角看世界，发现未曾发现的事物，实现科学技术的原始创新，这是其他科学不具备的先天优势。

从古至今，人类一直在探索自然中的奥秘，自然界是人类各种技术思想、工程原理及重大发明的源泉，为人类的进步提供灵感和依据。20世纪60年代，仿生学应运而生，仿生学一直是人类研究的热门，仿生方法也一直为各个行业、各个领域所用。在仿生学的影响下，各类仿生建筑层出不穷。本节在研究仿生建筑外观、结构、性能的基础上对仿生方法进行了归纳；分析了建筑结构设计领域，仿生方法的应用现状；对大数据时代仿生建筑的发展做了展望。

1960 年，美国的 J.E.Steel 提出"仿生学"的概念，自此之后人类自觉地把生物界作为各种技术思想、设计原理、发明创造的源泉。如今仿生学已经有了长足进步，生物功能不断地与尖端技术融合，应用于各个领域，仿生方法在建筑结构设计中的应用也颇为广泛。

二、建筑结构设计中仿生方法应用现状

（一）建筑外观仿生

建筑外观形态仿生历史悠久、原理简单。公元前 250 年的埃及卡夫拉金字塔旁的狮身人面雕像可谓外观仿生的雏形。随着社会生产力的进步，外观仿生在建筑设计中应用越来越多。17 世纪 80 年代，在哥本哈根，救世主教堂尖顶的外形模仿了螺旋状的贝壳；1967年，英国圣公会国际学生俱乐部的螺旋形附楼采用的楼梯，恰似 DNA 分子的螺旋状结构。而今，外观仿生方法在世界各地的建筑中均有应用，国家体育场"鸟巢"是从表达体育场的本原状态出发，通过分析和提炼，采用外观仿生方法得到的艺术性结果。它之所以得名"鸟巢"，是因为它的外观模仿了鸟类的巢，鸟类的巢一般都是用干草、干树枝等搭建而成，取材于自然，不经加工，干草、树枝的尺寸大小各异、参差不齐，而"鸟巢"正是采用的异型钢结构，其中各个杆件的外形尺寸均不相同，当然这也给设计和施工带来了许多困难，制造和施工工艺要求极高，但不可否认的是"鸟巢"不仅为奥运会开闭幕式、田径比赛等提供了场地，后奥运时代也成为北京体育娱乐活动的大型专业场所。

外观仿生是设计师通过对自然的观察，在模拟自然外部形态的基础上进行建筑创作。外观仿生方法主要得益于自然的美学形态，自然界的美我们只领略了一部分，在不久的将来，将会有更多模拟自然外形的优秀建筑。

（二）建筑材料仿生

所谓建筑材料仿生，是人类受生物启发，在研究生物特性的基础上开发出适应需求的建材，早在北宋年间，我国第一座跨海大桥——泉州洛阳桥（万安桥）建造时，工匠们在桥下养殖牡蛎，巧用"蛎房"联结桥墩和桥基中的条石，这在世界桥梁史上是首例，也是建筑材料仿生的先驱。在当代建筑材料研发中，许多灵感都源自生物界。蜜蜂建造的蜂巢，属于薄壁轻质结构，强度较高，这正是建筑材料研发希望达到的效果，蜂窝板就是在研究蜂巢特点的基础上出现的。蜂窝板为正六边形，是一种耗材少而组织结构稳定的板材，由此衍生出的石材蜂窝板，将蜂窝结构和石材配合使用，达到传统石材板同等强度只需耗用一半的石材原料。受蜂巢启发，还研制出了加气混凝土、泡沫混凝土、微孔砖、微孔空心

砖等新型建材，这些材料不仅质轻，还具有隔音、保温、抗渗、环保等优点。材料仿生除了使建筑材料具备更强的基本功能外，还能够实现或部分实现动物的功能，例如骨的自我修复功能：骨折后，骨折端血肿逐渐演进成纤维组织，使骨折端初步连接形成骨痂、最终完成骨折处自我修复。人们从骨的自我修复功能中得到启示，现已研究出混凝土裂缝修复技术。还有学者提出了智能混凝土的概念，所谓智能混凝土是在混凝土原有组分基础上复合智能型组分，使混凝土成为具有自感知和记忆、自适应、自修复特性的多功能材料。

（三）建筑结构仿生

建筑结构仿生是在研究生物体结构构造的基础上，优化建筑物的力学性能和结构体系。建筑的结构仿生可以追溯到公元前8000年前的旧石器时代，那时人们已经在居住地使用动物皮毛和骨头作为结构，乌克兰用猛犸骨建造了无盖的棚屋。而今，结构仿生建筑已经遍布世界各地，1851年英国世博会展览馆"水晶宫"的设计理念即源自南美洲亚马孙河流域生长的王莲，王莲叶子背面粗细不同的叶脉相交足以支撑直径达2米的叶片。"水晶宫"以钢铁模拟叶脉作为整个结构的骨架支撑玻璃屋顶和玻璃幕墙，轻质且雄伟。相比水晶宫，薄壳结构的设计灵感则源自日常能见到的鸡蛋，薄壳结构荷载均匀地分散在整个壳体，结构用料少，跨度大，坚固耐用。许多世界著名建筑都采用了薄壳结构，众所周知的人民大会堂，偌大的空间里没有一根柱子作为支撑，充分发挥了薄壳结构的优势；悉尼歌剧院的帆状壳片、中国国家大剧院的穹顶都采用了薄壳结构。除上述结构外，还有些生物结构被建筑物采用，如北京奥运会游泳场馆水立方，内部采用钢结构骨架，外部用了世界上最大的膜结构（ETFE材料），水立方的主体结构被称为"多面体异型钢结构"，这在世界上是首创。

（四）建筑功能仿生

建筑功能仿生是学习借鉴自然界生物所具有的生命结构、生命活动及对环境的适应性等方面的优良特性来改善建筑功能设计的方法。建筑功能仿生方法应用实例不胜枚举，如双层幕墙作为建筑物的外表模拟皮肤的"保护、呼吸"等功能；城市中的给排水系统模拟生物体的体液循环系统。受生态系统的启发，设计师根据建筑物所在地的自然生态环境，通过生态学原理、建筑技术手段合理组织建筑物与其他因素之间的关系，使人、建筑与自然生态环境之间形成一个良性循环系统，此即为生态建筑。马来西亚米那亚大厦、大别山庄度假村、德国的"三升房"、奥尔良的"诺亚"等都属于此类建筑。源自植物叶片绕枝干旋转分布的灵感，荷兰鹿特丹的"城市仙人掌"为每位公寓住户提供了悬挑的绿色户外空间，住户可以在享受阳光的同时感受大自然的生机。现在清华大学又提出了第四代住房的设计，第四代住房集以往所有住房的优点于一身，将生活空间、生态植物、生活设施皆融于建筑物中，是真正的空中庭院，这必将是功能仿生史上的一大力作。

三、大跨度建筑

（一）大跨度建筑结构设计特点

所谓大跨度建筑，就是横向跨越 60 米以上空间的各类结构形式的建筑。而大跨度建筑结构多用于影剧院、体育馆、博物馆、跨江河大桥、航空候机大厅、生活中其他大型公共建筑，以及工业建筑中的大跨度厂房、汽车装配车间和大型仓库等。大跨度建筑又分为悬索结构、折板结构、网架结构、充气结构、篷帐张力结构、壳体结构等。

当今大跨度建筑除了用于方便日常生活外，更多是作为一个地方的地标性建筑。这就需要在建筑结构上展现本地的特色，但又不能过分追求标新立异。大跨度建筑因为建筑面积过大，耗时较长，除了对结构技术有更高的要求外，也需要设计师对建筑造型的优劣做出准确的定位。大跨度建筑也需要同时兼备多种功能，如 2008 年北京奥运会的各个场馆，除了需要体现不同的地域特色外，还要考虑到今后的实用性。以五棵松体育馆为例，它在赛后的实用性就大大高于其他各馆。

（二）大跨度仿生建筑结构案例分析

在了解了大跨度建筑结构的设计特点外，我们用实际例子来具体分析一下。萨里宁于1958 年所做的美国耶鲁大学冰球馆形如海龟，1961 年设计的纽约环球航空公司航站楼状如展翅高飞的大鸟，让旅客在楼内仿佛能够感受到翱翔的快乐。这些都是举世瞩目的例子。

1964 年丹下健三在东京建造的奥运会游泳馆与球类比赛馆，模仿贝壳形状，利用悬索结构，使它们的功能、结构与外形达到有机契合，令人眼前一亮，继而成为建筑艺术史上不可多得的优秀作品。另一位设计师——赖特，他是一位将自然与生活有机结合的建筑师。1944 年他设计建造的威斯康星州雅可布斯别墅，就是将菌类作为设计灵感，把住宅仿照地面菌菇类植物进行搭建，有人与自然融合在一起的感觉。此外，又如萨巴在1975—1987 年建成的印度德里的母亲庙则犹如一朵荷花的造型，它借荷花的出淤泥而不染来表达母亲圣洁的形象，因此成为印度标志性的建筑。

在国内，大跨度仿生结构的案例有很多，最具有代表性的要数国家大剧院。国家大剧院外观似蛋壳，所有的入口都在水下，行人需通过水下通道进入演出大厅。这种设计符合剧院的庄严感同时又兼具了美观与时尚感。除此之外，武汉新能源研究大楼也是大跨度仿生结构的经典案例。它由荷兰荷隆美设计集团公司和上海现代设计集团公司联合设计，该院负责人说："马蹄莲花朵是该楼设计的自然灵感之源。"大楼主塔楼高 128 米，宛如一朵盛开的马蹄莲，它显示着"武汉新能源之花"的美好寓意和秉持绿色发展、可持续发展的理念。

由此，我们不难看出结构仿生在大跨度建筑设计中具有的优势。国内外无数的成功案例说明，结构仿生模式在大跨度建筑设计中还有很大的发展空间。要充分利用这一优势，将越来越多的结构仿生运用到大跨度建筑当中去，将艺术与生活结合在一起，设计出更多审美与实用兼顾的建筑物。虽然结构仿生建筑设计方面的研究颇多，但是结构仿生建筑设计的系统仍然不够完善。生物界与我们的社会还是存在一定的差距，有很多的仿生结构虽然很理想，可是真正利用到人类社会中还是存在诸多不利因素。不过我们相信，随着科学与社会的不断进步、人类对自然生物的不断接触和探索，结构仿生在大跨度建筑设计中一定会有更为广阔的发展空间与发展前景。

四、在大跨度的建筑设计中结构仿生的表征

（一）形态设计

结构仿生有着多样性、高效性、创新性等特点，能够满足建筑形态对设计的要求，是形态进行设计的一个选择。里昂的机场和火车站就属于例子。各种建筑构件和生物原型有着一定的相似性，并且通过材料与形态的变化，起到引导人群的作用，把旅行变成了一种令人难忘的体验。

（二）结构设计

因为大跨度的建筑设计，其跨度比较大，空间的形态较为多变，通常需要使用到许多的结构形式，因此，结构设计在大型的公共建筑设计中属于重要的部分，其在很大程度上决定了建筑设计的效果。对于大自然的结构形态进行研究，是满足建筑结构设计的有效途径。将微生物、动植物、人类自身作为原型，能够对系统结构性质进行分析，借鉴多种不同的材料组合以及截面的变化，使用结构仿生的原理，对于建筑工程结构支撑件做仿生方面的设计，能够对功能、结构、材料优化配置，可以有效地提高建筑施工结构的效率，降低工程施工的成本，对于大跨度建筑有着十分重要的作用。

（三）节能设计

结构仿生方法指的是通过模拟不同生物体控制能量输出输入的手段，对建筑能量状况进行有效的控制。和生物类似，建筑可以有效适应环境，顺应环境自身的生态系统，起到节能降耗的效果。充分地开发并且利用自身环境中的自然资源，如风能、地热、太阳能、生物能等，形成有效的自然系统，获得通风、供热、制冷、照明，最大限度减少人工的设施，使其具备自我调节、自我诊断、自我保护或维护、自我修复、形状确定、自动开关等功能。和这个类似，建筑也能够有着生命体的调整、感知、控制的功能，精确适应建筑结构外界环境与内部状态的变化。建筑应该有反馈功能、信息积累功能、信息识别功能、响应性、预见性、自我维修功能、自我诊断功能、自动适应以及自动动态平衡功能等，有效进行自我调节，主动顺应环境的变化，起到节能降耗的效果。

五、结构仿生在大跨度建筑设计中的设计手段

（一）图纸表达

1. 构思草图

建筑师进行建筑设计创作的时候，大多是从草图构思开始，构思草图指的是建筑师受到创作意念的驱动作用，将平日知识和经验积累进行相互的结合，把复杂关系不断抽象化，简约有关的建筑知识。草图构思指的是建筑师需要脑、眼、手相互协作，是建筑师集中体现创新的形式，因为仿生建筑的形体比较灵活，在构思草图中起着十分重要的作用。

2. 设计图纸

设计图纸指的是建筑师用来表达设计效果的一个常规工具，但在其中也存在着一些比较有创意的手法，用来表现有效的设计思想。和以往的表达方法不一样，现代表现方法中使用到的透视图或者轴测图一般是和实体联结方式、大量的空间以及构造、结构、设备的分析图一起使用的。

（二）模型研究

模型设计在方案构思阶段属于不可缺少的一项工具，它自身的直观性、真实性和可体验性能够有效弥补在三维表达上图示语言存在的不足，模型研究对建筑结构的形态以及各个细部处理有着十分重要的作用，模型能够给人们带来十分直观的体验，从各个视角去感受设计的空间、设计的体量和设计的形态，能够帮助人们比较全面地进行设计评估，避免设计存在的不确定性。与此同时，模型有着到位的细节设计和准确的形态比例关系，能够方便地和客户进行交流沟通工作。

（三）计算机模拟

现今，以计算机作为核心的信息技术在很大程度上增加了建筑师的创造能力，并且推动了计算机的图形学技术发展，人们能够在计算机模拟的虚拟环境内有效地落实头脑中所呈现的建造活动，这属于虚拟建造，动态的、逼真的模拟真实的情境，是计算机模拟的优势。

在建筑中运用仿生手段有着比较久的历史，但是仿生建筑概念提出的时间却不长。在建筑仿生学中，结构仿生属于主要的一个研究内容，并且在大跨度的建筑中得到了有效的应用，取得了一定的进展，但与此同时，不可避免产生了一些问题，参考以往建筑发展中出现的教训经验，相关人员在面对建筑结构仿生的应用时，需要进行理性的准确的评判，只有通过这种方式，才可以使结构仿生更好地被使用到建筑中，才能够更好地促进建筑行业的发展。

六、结构仿生方法的应用

现阶段，结构仿生应用主要体现在三个方面，包含了仿生材料的研究、仿生结构的设计以及仿生系统的开发。

（一）仿生材料的研究

仿生材料的研究在结构仿生中属于一个重要的分支，指的是从微观的角度对生物材料自身的结构特点、构造存在的关系进行研究，从而研发相似的或者优于生物材料的办法。仿生材料的研究可以给人们提供具有生物材料自身优秀性质的材料。因为在建筑领域，对材料的强度、密度、刚度等方面有着比较高的要求，而仿生材料满足了这种要求，因此，仿生材料的研究成果在建筑领域也得到了广泛的应用。现今，加气混凝土、泡沫塑料、泡沫混凝土、泡沫玻璃、泡沫橡胶等内部有气泡的呈现蜂窝状的建筑材料已经在建筑领域大量使用，不但使建筑结构变得更加简单美观，还能够起到很好的保温隔热的效果，并且成本比较低，有利于推广应用。

（二）仿生结构的设计

仿生结构的设计指的是将生物和其栖居物作为研究原型，通过对结构体系有效地分析，给设计结构提供一个合理的外形参照。通过分析具体的结构性质，把其应用在建筑施工设计中，可以提出合理并且多样的建筑结构形式。建筑对结构有着各种不同的要求，如建筑跨度、建筑强度、建筑形态等。仿生结构自身具有结构受力性能较好、形态多样并且美观等特点，因此在建筑领域得到了比较广泛的应用。在大跨度的建筑中，使用的网壳结构、拱结构、充气结构、索膜结构等，都属于仿生结构设计的良好示范。

（三）仿生系统开发

仿生系统的开发是把生物系统作为原型，对原型系统内部不同因素的组合规律进行研究，在理论的帮助下，开发各种不同的人造系统。仿生系统开发重点在如何处理好各个子系统与各个因素间的关系，使其可以并行，并且能够相互促进。建筑属于高度集成的一个系统。伴随建筑行业的不断发展，生态建筑将会不断兴起，在建筑中涵盖的子系统也会越来越多，如能耗控制系统等，系统的集成度也会越来越高。仿生系统有良好的整合优势，因此，其在建筑领域的应用前景十分广阔。

七、国外仿生设计的应用

国外建筑设计人员对仿生设计理念的应用时间相对比较长，通常情况下，国外都将融入这种理念的建筑称为有机建筑，其设计的原则也主要是建筑与周围环境的有机结合，这也正是将之称为有机建筑的重要原因。流水别墅是运用仿生理念的最典型的建筑，设计人员运用仿生理念，将其设计为方山之宅，给人一种大自然自己打造的房屋的感觉，因此其设计方法就是运用楼板与山体自然的结合，在具体施工时根据建筑整体来选择所需要的建筑材料。仿生设计与普通的建筑设计相比，对建筑设计人员的要求更高，而这种流水别墅的设计则有更加严格的要求，尤其是突出建筑艺术美感，而且要保证这种美感不能脱离实际。从上述中，我们能够明显知道，流水别墅是一个非常具有超越性的设计，该设计将建筑结构与周围环境之间的融合达到最佳的状态，从而给人以自然美与艺术美。居住舒畅，身心放松，浑然天成，这是流水别墅给居住者切实的感受。

目前国外建筑设计人员越来越多应用仿生设计理念，运用原始自然环境中所拥有的物质进行设计，将自然中天然的美感融入建筑设计中，使建筑具有大自然的气息。最为重要的是，国外建筑设计人员之所以大量使用这种建筑设计理念，是因为这种设计理念比较自由，主要是看设计人员对自然的理解，对美的追求，而且设计人员完全可以按照自己的感情来设计，其约束力比较少。比如有些建筑设计人员比较喜欢动物，其设计的建筑往往类似于某种动物，尤其是动物中某些细节部分，比如纹理等。

八、我国建筑结构的仿生设计

以我国园林设计为例，其特点是动静结合、动中有静、静中有动。用色淡雅、朴实，与自然景观相互融合，既不显建筑的单调，又极好地烘托了主题。同时，苏州园林体现了古人对天时、地利、人和的追求。把山、水、树完美地融入他们的生活之中，增加了许多生活情趣。中国古人的园林建筑，讲求一步一景、步步为景、一景多观、百看不厌。因此，中国的苏州园林，讲究心境和自然的统一，互为寄托，即古人所讲的"造境"——有造境，有写境，然二者颇难分别。山川草木，造化自然，此实境也。因心造境，以手运心，此虚境也。虚而为实，是在笔墨有无间，故古人笔墨具此山苍树秀，水活百润。于天地之外，别有一种灵寄。或率意挥洒，亦皆炼金成液，弃滓存精，曲尽蹈虚揖影之妙。

此外，中国的民居建筑和村落也很受国外人士的欢迎。来中国旅游的客人，大都选择住在四合式的小旅社，而不是高级宾馆。不仅是外国人，中国人也越来越重视人与自然的结合。在已批准实施的《中国 21 世纪议程》中，就将"改善人类居住环境"列为重点内容，强调"森林资源的培育、保护和管理以及可持续发展"和"生物多样性保护"。可见，在人类意识到其重要性后，仿生建筑的概念将逐步深入人心。用仿生学的原理进行城市规划和设计是中国古代传统地理在城市选址、规划、布局和建设的一大特色。中国古代传统讲求天文、地理和人文的相互结合，故而产生了青龙、朱雀、白虎、玄武之说。古代人根据这些条件，创造了许多优秀的建筑。这些环境设计上精心营造"天人合一"意境，刻意体现园林化情调"天人合一"意境和园林化情调，是徽派古民居环境设计中刻意追求的特色和目标。

除了这些，还有很多这样能体现本国个性的建筑。而这些建筑，均不是凭空产生，而是建筑师的精心设计。所谓"设计"，是指在建筑物的外形、色彩、材质等方面的改革，使之更能吸引人们的眼球，间接增加它的物质利益。当今建筑，从低空间到高空间，从色彩单一的白墙黑瓦到各种色调的钢筋混凝土，其风格受西方影响越来越显示出现代色彩，国际建筑风格趋于统一，地域特色逐渐变得不明显。为了使本地的建筑有地方特色，成为地方标志性建筑，建筑师们通常仿照一些物品使人们对其印象深刻。虽说现代城市建筑所用建材及造型相差无几，但每个国家都有它独特的建筑风格，即国家个性。只有反映国家个性的建筑才能流传长久，为后人树立典范。

九、仿生建筑的发展展望

仿生方法在当代建筑结构设计中的应用日趋成熟，在仿生理念的影响下，各类仿生建筑不断涌现。大数据时代，能够对海量数据进行存储和分析，许多信息实现共享，更多的自然生物数据可以为建筑结构设计所用。例如，可以提取人体皮肤特性数据，开发像皮肤一样能感知温度变化、保温、透气，能随着外界气候条件的变化自我调节的智能化建筑材料。在进行房屋结构设计时，提取医学数据中人体受外力时神经系统、肌肉系统为保持稳定做出反应和发出指令的相关数据，用于研究建筑物的应激反应系统，该系统应包括感应模块、分析模块和防御模块。建筑物受到外部作用时，感应模块将收集到的数据传送给分析模块分析提炼后，向防御模块发出指令，启动防御模块抵御外部作用，保证建筑物自身的稳定性。建筑物的应激反应系统将是综合运用外观仿生、材料仿生和结构仿生的基础上进行的强大功能仿生。我们有理由相信，在大数据环境下，未来的建筑将会成为能呼吸、能生长、能进行新陈代谢、具有应激性的"生物体"。

第六节　生态能源利用和材料仿生设计

一、能源利用仿生设计

植物的光合作用是最显著的太阳能运用范例，产生植物所需的营养成分，吸收 CO_2、释放 O_2，优化了环境质量。太阳能是地球生物生存能量的最重要来源。这一能量储量充沛、绿色环保，太阳能在建筑上的利用是可持续发展研究的重要篇章。除了直接利用太阳能外，风能、潮汐能均是太阳能的不同表现形式和转化，也应当扩大研究范围加以运用。

（一）直接利用太阳能

植物对太阳能的高效吸收体现了它是一种利用太阳能的优势结构，植物茎干与叶冠部分结合形成哑铃形态，利用最小的占地面积获得了适度体积的地上部分，得到大面积阳光。我们可以模仿植物这种结构特征进行建筑构思和设计。采用哑铃结构，建筑占地少，获得大面积有阳光的屋顶，可供太阳能电池搜集转化为其他能量形式，这一形式适用于低层建筑。夹竹桃的"叶镶嵌"生长形态则提供了高层太阳能建筑的参考方式。所谓"叶镶嵌"指的是夹竹桃同一枝干上的叶片互相错位生长，彼此不互相遮盖，使得所有的地上部分都能接受阳光。"叶镶嵌"式建筑就是模拟这一形态的建筑思维，太阳光可穿过上层居住体之间的空隙照射下层居住体的地面，使各户的太阳能家庭发电成为可能，与低层的太阳能建筑相比，这种形式具有更高的太阳能利用率和土地利用率。

（二）间接利用太阳能

动物没有植物的光合作用作为直接利用太阳能的方式，却通过筑巢等特有的方式间接利用太阳能，这又可称为被动式太阳能利用，白蚁巢就是很典型的例子。澳大利亚和非洲白蚁建造了一米多高的蚁巢而成为最大的非人工构筑物，蚁巢具有坚固厚重的外墙抵御外部潮气和热空气侵袭，且还具有冷却系统，管道遍布整个蚁巢，蚁巢墙遍布通气小孔与外界进行热交换，白蚁实际上居住在蚁巢的底部，此处离地表有一定深度，有较为稳定的温度。上方高耸的蚁巢塔是实现被动式通风降温的主要部分，称之为驱走热气的"肺"，其中有很多竖向的通风道。在白蚁窝的中央有空气流动管道。"肺"的作用除了维持一定的空气进出口高差外，还可以产生热压作用，实现巢内外空气的交换。在炎热的气候条件下，外面的空气由于受"肺"的抽吸作用，从地表通道口进入，经地层冷却后进入白蚁居住处，带走蚁巢内的热量和废气，然后从"肺"的顶部排出。另外，地下室的地方始终储有冷空气，其下有供白蚁饮用和用于降温的地下水。澳大利亚白蚁巢"肺"的主要立面朝东西向，无论是上午还是下午都能受到太阳辐射的加热作用，从而使"肺"部维持较高温度，加大进出风口温差。白蚁常在晚上外出觅食，非常干热时会挖井 30~40m 寻找水源。除了生存饮用外，井水为蚁巢的空气起到冷却作用。正是有这样一套运行良好的被动式系统，才使多达 300 万的白蚁共居一巢。

由伦敦 Short & Associates 设计的马耳他啤酒厂是一个模仿非洲白蚁巢间接利用太阳能的实例。当地 8 月气温高达 38 ~ 40℃，啤酒厂需要 24 小时空调系统的运作，全人工采光防止室外热空气通过洞口传入，降低室温以满足啤酒 7℃ 发酵的要求，但因为酒厂冷却系统开启的巨大能耗而导致整座城市的灯光非常黯淡，设计师通过设置双层墙解决这个矛盾，利用内外墙之间夹层空隙来调节自然光及气流，并在室内外温差大时形成热压通风，将热气由屋顶排出，外墙和内墙间的空气层形成缓冲区，保持内部空气温度的相对恒定。

美籍华人建筑师尤金·崔综合他多年来对自然界的研究成果提出的终极塔楼的构思也来源于对白蚁巢的模仿。根据他的设想，该塔楼高达 32km、宽 16km，喇叭形的建筑造型模仿某种能够根据天气选择朝向的白蚁巢。设计师认为具有张力的喇叭形高层建筑结构最稳定并且最符合空气动力学原理。如同白蚁巢，该高层坐落于一个大湖中，湖水是楼内空气的冷却剂，另一部分湖水用大型的太阳能板进行加热并通过重力让热水自顶楼往下供应。该结构本身就是一个活的有机体，带有风和大气能量转化系统、室外光电覆盖物、室外空气能自由出入的通风窗户。南立面多开口，以引入阳光；北立面少开口，以减弱北风侵袭和阳光辐射；中心核是一个张力／压力脊柱式结构，高 32km，由最轻的合金和不锈钢构成。在脊柱式结构中，有一垂直的火车隧道、设备井和给排水管道。

土拨鼠的地下巢穴通风是另一个被动利用太阳能的例子。巢穴出入口做成火山口状的土堆，遍布于开阔的草原，自然通风就由这些洞口完成。根据帕努里定律，水平移动的流体压力随速度的减少而降低，草原上的空气运动时，近地面由于摩擦力的存在，风速减小而低于稍高处的空气速度，产生的压力差遇到洞口时将空气压入洞内，再由另一个出入口出来，完成巢穴内的气流交换，即使是 0.46m/s 的微风也能在 10 分钟内对其地下巢穴完成换气过程。这给了我们一种思路，地下建筑设置 2 个以上出入口，利用建筑本身的高差产生的风压差实现地下建筑通风，改善目前通风不利、空气不佳的状况。

二、仿生材料在现代园林设计中的应用

生物经过亿万年的进化过程，为了适应环境的变化而不断完善自身的结构组织与机能，从而得到了性能高超、组织结构完善、身体机能良好的保障系统，从而在大自然中生存下来。生活在自然界中的人类与其他生物是好朋友，人类看着自然界形形色色的生物具有这样或那样的本领，就开始想象和模仿他们，从而出现了仿生学，进而出现了仿生材料。

人们研究仿生学是为了从生物本身出发，借助由自然界生物引发的灵感进行模仿和创新，以便于自然和谐相处、共同发展。

从自然中寻找仿生材料和设计理念也是现代园林设计中的重点内容，其主要包括两方面的内容：园林建筑仿生，它是通过研究生物界许许多多生物体的组织结构和性能，并将研究成果用于仿生材料创作，从而解决现代园林设计中仿生材料的问题。环境的仿生，它是人与自然相联系的场所。

（一）仿生材料的概念

仿生材料是指根据生物本身的组织结构和性能研制的材料。在仿生学上，常常把根据生命系统组织结构和性能而设计制造的人工材料称为仿生材料。

仿生材料学是仿生学的一个分支，它是从微观世界的角度研究生物材料的组织结构和

性能关系，从而研究出和原生物材料一样或者超出原生物材料的一门学科，它是众多学科的交叉部分。

仿生设计不但要模仿生物的结构，而且要模仿生物的功能。把材料学、生物学、仿生学结合起来，对促进仿生材料的发展具有重要意义。生物自然进化让生物材料具有最合理的结构，并且具有自我适应的能力。

（二）仿生材料在现代园林设计中的应用

在现代园林设计中，设计者通过对自然界中各种生物的结构、形态、性能等方面的不断研究，让一种新的材料开始出现在当今社会中——仿生材料。

设计师在进行现代园林设计过程中，常常通过一些模仿竹子、石头、木头等仿生材料的应用，不但使材料所具备的功能被有效利用，而且使园林风格的整体性与多样性被全面地体现出来。比如，在中国的传统园林中，常常在水泥中加入一些瓷瓦碎石，从而使它们组成不同风格的花纹图案来呼应园林景观，并丰富园林景观的文化内涵，有些动植物的形象被赋予各种寓意：鲤鱼跳龙门象征着仕途通畅，桂花象征和平友好，菊花被人看作坚忍不拔的化身，荷花出淤泥而不染象征了纯洁高尚，竹子以其中空有节的特性常被用来比喻虚心好学和高风亮节的优秀品质，梧桐象征了高洁，亦有高士隐居之意等。近现代随着材料工艺的发展，常会通过对动植物形态的模仿设计出马赛克等园林装饰。

1.功能仿生材料

同人体一样，自然界中的生物也需要通过对肌体的调动来完成自身整个系统的新陈代谢工作和各项运动，当生物具有的这种功能被设计师参考应用到仿生设计中时，便创造出功能方面的仿生设计。与其他方面的仿生设计相比，功能仿生属于一种相对来讲比较高级的新型仿生形式，由于该形式涉及的仿生学与设计学方面的内容比较多，所以，设计师在对此项功能进行实际应用时，一定要全面且深刻地了解认识生命的活动原理。

此外，设计师还需要对自然界中各类型的生物作用进行了解，从规律的条件和本质两个方面进行仿生设计，从而使一些复杂的活动过程能够在有限的园林区域内被实现。譬如，对自然界水体进行自我净化的活动过程仿生，从而达到净化园林中的废水，使被破坏的水生系统可以被重建的目的；对自然界中某些由植被形成的群落进行仿生，从而使园林中的生态系统具有快速的自我恢复功能等。

2.结构仿生材料

结构仿生材料是根据生物肌体的性能，模仿生物体或者其中一部分的材料。设计者从蜂巢上得到启发，根据蜂巢发明了蜂窝泡沫砖，这些蜂窝状材料，不仅隔热保温，而且结构轻质美观，在现代园林建筑设计中已经得到了广泛应用。下雨的时候，荷花的叶子比较干爽，这是由于在荷叶上有一层光滑且柔软的绒毛，它让荷叶虽然经过雨水打击但不会被打湿，与此同时，绒毛上承载着的水滴，可以迅速吸收荷叶上的灰尘颗粒，然后带着灰尘从荷叶上滚落下来，从而使荷叶变得非常洁净。此种现象已经被广泛应用到一种带有自我清洁功能的涂料上。

在园林建筑设计中，最常使用的结构仿生是拉模结构，这一结构主要是人类受到了昆虫的翅膀在拉张的过程中产生的力学美的启发而创造出来的。由德国当代著名景观设计师彼得·拉茨设计的并以其名字命名的花园，更是将仿生结构及空间设计理念注入其中：用"可俯瞰的恐龙""龙骨"形式作为花园的路，作为设计亮点的恐龙脊骨则是努力做到与真实的恐龙脊骨相像，并且恐龙脊骨内更是挖了圆形凹槽，既增加了空间，又增加了层次，使"龙骨"对于游人来说既可近处赏玩，又可远观其形。

3. 色彩和质感、图案仿生

在园林中对仿木、仿竹、仿石材料的运用，能给人以朴实、自然的感觉，可缓解人们因工作引起的疲劳与压力。

4. 化学成分仿生

园林设计中常用的材料贝壳，抗张强度高。它的成分很简单，分别是石灰石、蛋白质，两者黏结成坚不可摧的整体，不需要高温烧结。

5. 仿生材料在形态方面的应用

在此方面，我国的园林设计师主要从两个方面对形态仿生进行了有效的应用：抽象式的形态仿生和具象式的形态仿生。园林规划设计中的此种仿生设计，是以自然界的生态环境为依据而逐渐地发展和衍生出来的仿生设计；正常情况下，此种仿生设计主要就是通过反映一些简单形体具有的本质特征来表现形态方式。此种仿生技术的应用，可以使园林的设计更加丰富，使得园林的景观更加优美。具象式的形态仿生。此种仿生设计主要是通过将自然界中各类型生物具有的形态结构、颜色的搭配，以及生长的环境为基础进行设计。此种仿生技术的应用，可以将自然界中具有的和谐美有效地融入当前我国园林的规划设计中。

仿生材料在现代园林设计中的应用处处可见。园林的设计是人们与自然对话和融合的重要纽带，是实现人与自然环境的和谐相处的重要媒介。仿生材料作为园林设计的一种新手段、新方法、新思维在现代园林设计中扮演着越来越重要的角色，设计师通过仿生材料来表达自己对园林设计的理解，为人们解决人与自然和谐共处这一重要话题提供了有价值的思考。

总而言之，在自然界中，生物的种类、造型是多种多样的，颜色也是五彩斑斓的，各种生物结构也是千奇百怪的；大自然中的生物具有的这种特色，使其为负责园林规划设计的设计师们提供了十分丰富的灵感资源。将仿生材料设计技术应用到当前我国园林的规划和设计的工作中，不仅可以使建设完成的园林景观带有极高的亲切感，还能够实现人类与园林建筑同自然环境之间的和谐统一，使园林规划中返璞归真的设计理念真正被实现。

三、智能材料及其在绿色建材中的应用

智能材料是具有一定感知和记忆能力的多功能材料，主要就是能够很好地进行各种对于环境处理，实现自我诊断和调节作用的复杂生物系统材料，由于智能材料具有传统材料所没有的特殊性，所以有非常突出的特点和广泛应用，也将是未来建筑行业发展中的重要材料。

（一）智能材料概念的特点

具体地说智能材料具有一定内涵，主要就是感知功能，可以对外界很多现象进行很敏感的感知能力，比如对于光、电和热的刺激等都有非常敏感的感知能力，另外就是具有一定驱动能力，可以很快速反映外界变化，还可按照设定方式进行很好选择和控制作用，可以非常灵活地对于记忆进行记录，最后就是对各种刺激可以进行非常好的完善和恢复工作。对于智能材料来说最重要的指导思想就是多功能和仿生设计方面，智能材料具有一定智能功能，可以对于各种外界刺激和生命特征进行很好的传感和反馈作用。比如可以很好地传感到外界环境条件的负载和变化，对于各种辐射和外界变化都可以很好感知，可以很好地反馈系统中信息所控制的物质问题，对于信息可以进行非常完好的识别能力，还可以根据外界环境将信息进行积累，对于环境变化做出反应，同时还可以采取各种措施进行分析和诊断。对于故障问题可以及时进行处理，对于失误可以及时进行分析，通过修复能力进行自我繁殖和再生，还可以进行很好调节能力，不断对各种变化进行自身结构调整，使得材料系统可以得到很好优化和做出规范性措施。

（二）智能材料的工作原理

智能材料一般都是由基本材料、敏感材料、驱动材料、其他材料及信息处理器等几个部分组成，对于基本材料就是负担承载轻质材料，或者高分子材料和耐腐蚀性材料，就是对于金属材料进行非常好的选择作用。敏感材料就是指能够感知物理量、化学量或生物量的微小变化，并能够根据这些变化量呈现出明显特征变化的材料。驱动材料就是指在一定条件对材料进行很好控制，主要包含压电材料和光纤材料等很多类型。其他材料主要就是导电材料、磁性材料结合半导体材料等。最后就是对于信息处理器的研究，这是最核心部分，对于传感器信号进行处理功能。

（三）一般智能材料的主要分类

智能材料可以分为很多类型，按照功能一般可以划分为光导纤维、压电和电流变体等很多种类型。如果按照来源不同，可以分为金属系智能材料、高分子系智能材料和无机非金属系智能材料几个类型。根据材料模拟生物行为可以分为以下几个类型，第一就是智能传感材料，主要就是对于各种热、电和磁等信号刺激监测工作，可以感知反馈能力，也是

智能材料必需材料，比较典型的就是传感材料、光纤和微电子传感器等，光纤在智能材料结构中是比较常见的材料，可以感知到很多物理参数和温度变化等数据。

（四）绿色智能建筑材料的种类研究

1. 智能建筑材料可以分为很多种，首先智能混凝土，这种材料本身具有一定感应能力，在混凝土复合部分可以使得材料具有一定自感功能，目前可以分为三个类型：聚合物、碳类和金属类，其中常用的就是碳类和金属材料，另外还有就是金属片和金属纤维等。对于碳纤维主要就是水泥复合材料的电阻变化和内部弹性变形问题，要对电阻率进行弹性断裂分析，还可以对复合材料进行检测和静态控制。在疲劳的情况下可以适当降低，也就是对混凝土进行疲劳监测，还可以利用材料对建筑物内部和周围环境进行监控。

2. 对于智能乳胶漆的耐候和防水等功能研究，可以根据室内外的紫外线进行墙体变化亮度分析，合理解决好室内光线的问题，对于自我调节能力可以进行很好的特殊性分析研究，结合对于光的折射变化，使得产品受到不同环境激活，稳定产品的分子整体结构，自动调节好适应能力和状态。

3. 智能玻璃，就是一种具有很好采光、调光和蓄光功能的新兴生态建筑玻璃，可以在太阳能温室效应和节能方面进行很好的空间分类，同时还可以对于大多数的智能光学玻璃进行很好智能应用。这种玻璃主要有光导纤维、荧光聚光玻璃和变色玻璃等分类。这些玻璃如果应用到建筑中就可以起到很大作用，可以很好地改善建筑整体采光效果。

第八章　建筑结构设计

第一节　建筑结构设计中的问题

在社会不断发展的今天，人们的生活水平和生活质量不断提高，对建筑的要求也越来越高。对既有建筑进行严格的分析，结果表明仍存在安全可靠度不足、使用寿命短等问题。从建筑物的功能出发，现代结构设计在住宅建设中更加全面，实现人们对建筑功能的追求，增加对建筑美观和舒适性的重视，也满足经济快速发展和人们对高品质生活的追求。在相应的建筑结构设计过程中，我们通常会十分关注结构设计的各项细节以及计算，而忽略相应的结构设计及其在施工过程中的完整性和协调性。本节通过对相应的建筑结构设计现状进行分析，发现相应的建筑结构设计中的问题，为了能够不断地优化现代结构设计的过程和方法，提出相应的结构的整体与协调、设计标准和设计过程的优化等对策。

一、建筑结构设计概念

（一）建筑结构设计的基本含义

在建筑领域，建筑结构设计就是对建筑物的结构进行科学合理的设计，具体内容包括偏向室内空间布局设计的内部结构设计，以及偏向建筑外观设计的外部结构设计，在整体上尽可能达到科学利用内部空间与外观环保美观的综合效果。在完整的建筑结构设计工作中，一共有三个不同的层次，首先是结构方案的选择，其次是结构构件的具体计算，最后是绘制结构施工图。这三个方面都是十分重要的环节，使建筑结构的设计更加科学严谨，尽可能减少工程项目的成本，同时也要确保工程项目的安全性、实用性和耐久性。

（二）优化建筑结构的现实意义

建筑结构的设计工作是一项具有重要意义的工作，也是工程建设开展的首要环节，对工程建设的整体质量有着较为显著的直接影响。一般情况下，在进行建筑结构设计时，必须基于建筑物的性质，深入分析建筑高度、楼层数目，以及建筑本身的功能要求，充分把握建筑本身的受荷大小和承重范围，同时估算出建筑物主体结构的建造成本。提高建筑结构设计的质量，尽可能地降低出现各种问题的可能性，有利于不断加强相应建筑结构的各项安全性。所以，有关单位与企业必须加强对建筑结构设计的重视，确保工程建设项目的质量，增强各项性能。

（三）建筑结构设计的发展情况

在现阶段，对于住宅建设而言，施工前的建筑结构设计是关键的环节，也是进行相应住宅建设过程的前提。与较为传统的建筑设计风格相比而言，其中的建筑结构设计一方面可以包括各项建筑施工过程中的总体规划，另一方面在建筑设计过程中也可以使其变得更加科学合理，同时能够更加注重人们的生活经历和实践。根据不同的环境和当地条件，采用与当前环境保持一致的建筑设计是当前建筑结构规划过程中必须考虑的因素。通过不断的、适当的建筑结构设计来增强各项建筑工程的安全性、实用性、功能性和舒适性。一方面，它可以满足当前社会和人们对住房的各项需求，另一方面，它也可以应对现有生活中的各项紧急情况。同时能够赋予建筑更好的科学性和合理性，在相应的设计中主要体现在根据地形面积等设计出更加科学实用的房屋。

二、建筑结构设计问题分析

（一）在设计过程中缺乏分析和考虑

在整个建筑结构设计过程当中往往涉及许多因素，如其中的结构完整性、相关的材料选择、其中设计的合理性以及后期相关问题的解决方案，这些在相应的建筑过程中往往起着一定作用。然而，有时设计师之间会存在缺乏沟通，同时会依靠他们的个人经验来设计建筑结构的问题，这常常导致在图纸设计过程中省略某些环节，从而增加在施工过程中的各项风险因素。如果相应的建筑结构设计存在问题，一方面会给以后的设计和现场操作带来一定的安全隐患，另一方面也会影响设计图的使用以及技术价值。在进行相应的设计过程中，缺少其中的任何环节都可能会导致建筑结构设计的失败，同时会给施工带来一定的危险和不稳定，整体不利于中国住宅建筑业的可持续发展。这也将对人们的人身安全和财产安全构成重大危胁，并偏离人们安居乐业的道路。

（二）设计师之间缺乏有效的沟通

对于建筑物的设计，每个人都需要同设计师不断讨论，以完成和设计图纸。许多结构设计师最依赖互联网技术以及相应的个人想法来设计建筑图，通常情况下忽略了其他设计师的设计图，从而导致设计图的内容浅薄和结构设计不合理。由于缺乏对图纸的深入研究，设计人员缺乏全面的知识也影响了对设计要求的理解，从而在设计过程中出现了许多问题。并且在设计、规划和实际施工过程中，很容易出现较大的质量以及相应的安全问题。各个部门的设计关系不紧密，建筑模板设计的总体规划不合理，造成各种安全问题，不利于施工的可持续性，影响施工的总体进度。

三、解决建筑结构设计问题的对策

（一）了解结构设计标准

设计者应当明确结构工程设计的标准，这样不仅可以保证建筑结构的有序发展，而且可以确保建筑物的各项安全性能以及相应的质量。首先，了解其中的建筑结构设计的原理。设计师可以通过不断优化设计图来了解其中的设计原理。通过明确的设计原则，不断提高建筑结构的设计质量，在不断发挥设计与施工整体价值的同时，确保建筑结构的安全性、实用性和耐久性。其次，根据政府发布的设计耐久性和安全性政策，要求设计师在施工中应当不断考虑施工环境因素，才能更加科学合理地规划设计图纸，以实现合理的设计。最后，设计师应遵循经济原则。换句话说，设计人员应在建筑材料选择过程中对环境、材料成本绩效等方面进行分析，以提高建筑结构设计的专业性，合理控制成本，选择合适的材料。经济实用的设计方案可以提高建设项目的社会效益和经济效益。

（二）优化设计的全过程

优化设计的整个过程不仅表现在建筑结构设计的各个方面，还表现在设计师的品质内涵上。因此，现代结构设计的要求是在运用技术的前提下，以分层的方式分析总体设计方案和局部设计方案，以不断优化和纠正方案中的各种不合理现象。从设计者来看，由于许多参数涉及建筑结构的设计，因此设计者不仅要学习每个参数的特性，而且还要学习各种参数的应用。另外，设计师应经常与周围的设计师沟通，提高自身素质和能力，完善制图设计思想，使制图与建筑结构设计保持一致，以满足日益增长的高要求和高标准。

（三）确保结构的完整性和协调性

在建筑结构设计中，协调性、完整性、合理性和科学性是紧密相连的。在整个建筑结构设计过程中，设计人员应不断明确设计过程中的建筑物类型，依据其中的建筑物类型设计和绘制更加合理有效的结构施工图，从而保证其中图纸内容的协调性和完整性。保证建筑物的实用性和耐用性，实现协调发展。因此，在建筑设计发展之前，有必要科学合理地总结和分析建筑结构的各个组成部分，并针对建筑结构工程设计中存在的问题提出快速、积极、有效的对策，以求完善建筑结构工程设计的整体合理性和质量，充分发挥住房建设项目的功能，为居民提供更多的舒适感和安全的服务。

随着国民经济的飞速发展和人民对美好生活要求的不断提高，建筑使用安全和人们居住体验已成为当今的中心问题。由于建筑结构整体的可靠度、使用性和安全程度还存在比较多的问题，而在建筑领域的发展中，建筑结构的设计占据着一席之地，且发挥着重要的作用，与项目工程施工效率和施工质量有着较为直接的联系，因此，必须优化建筑结构的设计，提高相关人员对其的重视程度，综合提高设计师的整体素质与业务能力，合理规划成本，培养概念性设计的理念，进一步增强建筑结构设计的效果，确保工程项目后期的工作顺利开展，进而促进建筑行业持续发展。

第二节　建筑结构设计的原则

随着我国社会经济的快速发展，建筑结构也呈现更加复杂的趋势，这给建筑结构设计带来更大的挑战，同时也使得建筑工程暴露出更多的问题，这引起社会的广泛重视。由于建筑结构设计是一项系统的工作，在设计过程中会出现多种多样的问题，为保障建筑结构设计的质量，设计人员不仅要具备较强的专业能力，而且还需要具备认真负责的工作态度，遵循建筑结构设计的原则，同时注意建筑结构设计中的常见问题，确保建筑结构设计的效果符合标准要求。

所谓建筑结构设计是指设计人员结合建筑标准要求，同时结合自己的知识与经验，对建筑的整体结构做出科学的设计。在建筑结果设计过程中，设计人员通过设计语言表达自己的设计理念，而结构语言是指结构元素，其中不仅包含基础、柱、梁，而且还包括墙、楼梯以及板等结构元素，合理运用结构元素，构建建筑物的结构体系。由于建筑结构设计属于系统性的工作，因此在建筑结构设计过程中很容易出现问题，设计人员需要充分认识到建筑结构设计的原则，避免出现相关问题，保障建筑结构设计的质量，推动建筑行业长远发展。

一、建筑结构设计的种类与内容

（一）建筑结构的种类分析

对于建筑物而言，建筑物的使用功能不同，因此对建筑物的要求也不相同，相应地便会产生不同种类的建筑结构。以建筑物的使用功能进行划分，通常情况下可以将建筑结构分为两类，一类建筑结构为工业建筑，另一类建筑结构为民用建筑。如果以建筑物的层数来进行划分，则可以将建筑物结构的种类分为四类，即单层建筑物、多层建筑物、高层建筑物、超高层建筑物。根据建筑物的结构形式来进行划分，可以将建筑物划分为五类，即排架结构建筑、筒体结构建筑、框架结构建筑、大路结构建筑以及剪力结构建筑。除此之外，建筑结构的划分还可以通过建筑物建设的材料方面进行划分，根据建筑材料的不同来划分建筑结构的种类，比如，针对混凝土材料的建筑，可以将其划分为混凝土结构；针对木质材料的建筑，可以将其划分为木结构；针对钢筋材料，可以将其划分为建筑结构等。这些只是目前建筑工程中涉及的大部分结构种类，还有其他方面的结构种类。

（二）建筑结构设计的内容

针对建筑的设计内容相对比较广泛，其中包含建筑设计、结构设计、电气装备设计、暖通设计以及给排水设计等。不同的设计类型对设计的方法与原则有着不同的要求，但是所有设计类型都需要遵守以下4个基本要求，即环保要求、功能要求、经济要求和美观要求。对于建筑结构而言，其在建筑设计中占有十分重要的地位，只有建筑结构具有科学性与稳定性，才能保障建筑物发挥应有功能，因此，在建筑物设计过程中，建筑结构设计同样占有至关重要的地位。建筑结构设计过程为方案设计、结构设计、构建设计以及绘制施工图。为了提高建筑结构设计的质量，首先，要对建筑结构的全部构建的承载能力和极限状态进行计算，另外还需要计算疲劳强度。这些计算结构是建筑结构设计的重要参考依据，同时也是保障建筑结构设计质量的重要基础。其次，要做好结构分析工作。最后，要做好抗震设计工作，我国对建筑的抗震设计提出明确的要求，防烈度要求为Ⅵ～Ⅸ度。建筑物的抗震能力与抗震要求，与建筑物的结构以及建筑物的高度等密切相关，通常情况下，建筑物的高度越高，对抗震设计的要求也会随之提升，二者成正比关系。在设计过程中也存在着不同的构造要求，并且需要采用不同的设计方法，这样才能确保抗震设计的质量与效果。

二、建筑结构设计的原则分析

适用性原则、美观性原则、安全性原则、经济性原则以及便于施工的原则，这五方面原则是建筑结构设计的主要原则。在建筑结构设计中，只有完美结合这五方面原则，才能取得最佳的设计效果。这不仅是建筑结构设计的重要目标，也是建筑结构设计水平与建筑结构设计效果的最佳体现。对于建筑结构设计而言，其发生在建筑物设计完成之后，因此建筑结构设计会在很大程度上受建筑物设计的制约与影响，但是建筑结构设计也会反作用于建筑物设计。建筑结构设计应建立在不破坏原有建筑物设计的基础之上，同时还要满足建筑要求，在原有建筑物设计的基础上进行建筑结构设计。与此同时，建筑物设计不能超出结构设计的能力范围，建筑物设计也同样要遵循建筑结构设计的五项原则。总之建筑结构设计会对建筑物设计产生重要影响，在建筑项目建设完成后，其所体现的适用性、美观性、安全性、经济性以及便于施工等原则，是设计人员设计水平与设计能力的重要体现。

三、建筑结构设计应注意的问题

（一）基坑回填方面应注意的问题

基坑开挖过程中，不仅要注重开挖工艺的应用，而且还要充分考虑摩擦角范围内的坑边的基底土，如果不注重摩擦角范围约束力，将会导致设计效果不理想。由于存在一定的约束力，在约束力的作用下，通常情况下不会出现反弹的情况。但是这并不是绝对的，基坑中心的地基土偶尔出现反弹的情况。针对这种情况的处理，传统的措施难以发挥作用，处理效果不理想，因此应采用人工的方式清除回弹部分。在此过程中，如果出现基础较小的情况，那么坑底所受到的约束会增大，因此坑底地基土的反弹作用相对较小，基本可以忽略不计。针对沉降幅度的计算，计算过程中则需要根据基地附加应力进行计算。反之，如果基坑相对较大，则坑底受到的束缚便会变小，因此，在进行箱基沉降计算的过程中，需要保障计算的精确性，提升计算结果的准确性，更好地为处理方案的制订奠定基础。将被约束的部分作为安全储备，这是一种十分有效的处理方式。

（二）抗震设计方面应注意的问题

框架柱或者型钢混凝土框支柱在抗震设计过程中应用比较广泛，在设计过程中，对箍筋的设置不仅要符合体积配箍率等构造要求，同时为了确保抗震设计的科学性，增强建筑结构的抗震效果，对箍筋肢距也要做出明确的规划与科学的调整，使其符合钢筋混凝土框架柱的要求，这样才能更加有效地提升抗震的质量和抗震的效果，充分发挥抗震设计的作用。除此之外，在必要的情况下，还应设置复合箍。这样才能确保抗震设计的质量，提高建筑结构设计的水平并增强其效果，保障建筑物具有相应的抗震能力。

（三）挑梁设计方面应注意的问题

通常而言，应将悬挑梁做成等截面，特别是在出挑长度较短的情况下更应如此。相较于挑板，挑梁的特点更加突出，挑梁不仅具有自重相对较小的特点，而且还具有占总荷载比例较小的特点，只有在能够有效降低挑梁自重的情况下才能作为变截面。在设计过程中，要注重对箍筋的应用，做到合理选择箍筋，为后续的施工带来便利。值得注意的是，变截面梁的挠度应不小于等截面梁。在设计过程中，针对外露的大挑梁，设计人员需要加强应用，可以将其作为变截面，这种设计方式既能更加充分地发挥大挑梁的作用，同时也能够得到更好的美观效果。

四、建筑结构设计的要点

（一）选择科学的建筑结构设计方案

建筑结构设计的目的不仅要提升建筑的美观性，还要更加全面地进行考虑，在设计过程中，要更加注重提升建筑物的稳定性与安全性。在这种理念和要求下，在建筑结构设计过程中，需要设计人员合理选择设计方案，确保设计方案的科学性与经济性，同时还应结合科学的结构体系与结构形式。这样才能保障建筑结构设计的质量与效果。首先要明确建筑物的总体布局，分析建筑结构的抗震节点，同时还要考虑建筑物结构的应力情况等。建筑结构设计应避免出现同一结构单元混用不同结构体系的情况，同时秉持平面竖向的原则进行设计。其次，设计人员应结合建筑的使用功能，同时根据相关要求，在建筑设计方案中明确建筑物的材料类别以及施工条件等。

（二）提高计算结果的分析水平

随着建筑结构设计水平的不断提高，在设计过程中对计算机技术的应用越来越广泛，设计人员可以应用相关软件进行计算，同时还可以通过软件来对计算结果进行分析，这对于提升建筑结构设计质量具有十分重要的意义。设计人员应结合具体的设计要求合理选择软件，同时还要熟练掌握相关软件的应用方法。不同的软件有着不同的特点，同时也存在一定的不足，为保障计算结果的科学性，需要设计人员参照多种软件，确保计算参数的准确性。针对计算结果，设计人员应再次进行分析，对计算结果进行反复核验，在保障计算结果准确性的基础上才能将其应用于建筑结构设计方案之中。

（三）提高材料的利用率

节约也是建筑结构设计的重要原则之一，因此在设计过程中应注重提高材料的利用率，起到更好的节约效果。在建筑结构设计过程中，应加强对那些轻质高强建材的应用。这既能更好地体现出建筑结构设计经济性的原则，也有助于降低建筑工程项目的建设成本，同时还有助于节约能源与环境保护。设计人员要具备较强的环保意识，在建筑结构设计过程中加强对材料的利用率，为建设环境友好型社会以及资源节约型社会作出更大的贡献。

对于建筑工程项目而言，建筑结构设计是十分重要的组成部分。建筑结构设计是保障建筑安全的重要基础和前提，因此，设计人员在进行建筑结构设计的过程中，应始终秉持建筑结构设计的各项原则，合理把控各个方面的问题，提高建筑结构设计的质量并增强其效果，为建筑工程的质量奠定坚实的基础。

第三节　建筑结构设计的优化

建筑结构的设计对建筑设计合理性、施工及使用成本有着直接影响。随着经济的快速发展，日益复杂的建筑结构形式给建筑结构设计师带来了挑战，同时也带来了不少的设计盲区。作为建筑结构设计的重要组成部分，建筑结构优化设计可以从安全、经济、合理的角度出发进行相应的结构优化，从而达到资源的合理利用。

一、结构设计优化的重要性

随着经济的不断增长，大城市用地面积日渐紧张，原有的多层砖混预制板结构日渐被高层框架结构、框架剪力墙结构、剪力墙结构所替代；与此同时，人民的生活水平日益提高，对商场、工业厂房、展览馆、机场有大尺寸空间需求，大跨度的预应力混凝土结构、钢结构也孕育而生。这些新型的建筑形式在满足了建筑师天马行空的想象与创作的同时，也给结构工程师带来了巨大的挑战。幸运的是在积累了大量的实验数据和实践经验，同时向西方发达国家积极地学习与交流，并通过大量的实验之后，我们形成了一套适于自己的设计规范体系，指导着无数结构工程师在自己的岗位上做出优秀的设计。但是尽管如此，依旧有不少的设计师由于市场造价把控不到位、工程实践经验不足、对于设计规范的理解不透彻，甚至对于力学概念的模糊设计出了不少工程造价高昂、结构体系不合理，甚至有安全隐患的建筑。这些设计与时代的发展背道而驰。因此结构设计优化便在这样的背景下逐渐成为贯穿整个设计周期的重要参与者。结构设计优化能为建筑开发商有效地控制建设成本，优化不合理、不安全的设计。同时按照现代建筑要求将目前先进的结构设计理念融入该建筑结构设计中，通过合理的优化实现建筑的现有经济利益（建筑设计、施工周期内成本）以及未来经济效益（建筑合理使用年限内的使用成本），实现建筑设计的合理化、科学化，促进建筑行业经济、合理、和谐地发展。

二、设计优化原则

建筑结构优化设计的依据是现行的国家设计、施工验收规范。规范条文是设计的安全底线，然而不少建筑结构优化设计在近几年受到不合理的优化设计合同（设计成本与优化后的施工成本差额成正比例关系）的影响，不停地追求挑战、接近国家设计规范的底线，忽略了设计规范条文背后的含义。也正是因为这样不合理的优化设计合同，也有不满足或者与设计规范相悖的设计内容（不利于减少工程施工成本）未能被有效地指正。设计规范制定的原则是为了确保房屋安全底线，只有深入了解设计规范条文制定的原则和依据，建筑结构优化设计才能更加合理。

三、建筑结构设计的优化思路

（一）从建筑、水、暖通、电等其他设计规范角度出发进行优化

建筑结构优化设计应参与到整个设计周期中。不少的结构设计师由于对建筑、水、暖通、电等其他设计规范及设计内容理解得不透彻，无法有效地发现建筑设计中的不合理内容。例如建筑屋面的找坡方式、地下室顶板顶部的覆土与植被（影响结构的荷载大小），有效利用覆土荷载对地下室整体抗浮的有利作用；地下室有效合理的净空需要扣除暖通管道、喷淋管的安装高度（影响整个场地的开挖量）；住宅水、电管线预埋的密集区域宜增强楼板的有效厚度；室外管网的排布对基础埋置深度的影响。这些都需要结构优化设计在设计的方案阶段及时参与其中。

（二）从建筑结构设计规范角度出发进行优化

1. 合理地选择建筑结构体形

了解建筑的功能需求，根据建筑的高度以及体形、所在地区的抗震设防烈度、风荷载、地质条件等情况，合理选择结构类型。不合理的层高设置往往会使结构形成薄弱层，与此同时我们应尽可能规避掉平面不规则、立面不规则的建筑方案，这其中可以通过有效的结构手段（例如通过结构设缝将主体单元划分成规则的单元，合理设置结构拉结楼板规避结构平面凹凸不规则），当然引导建筑设计师与业主选择合理建筑方案也是规范设置的目的所在。

2. 合理地设置竖向受力构件与水平受力构件

水平受力构件（楼板、梁）通过结构导荷将建筑使用荷载导向竖向受力构件（剪力墙、柱、砖墙、斜撑等），再传递到基础地基当中。竖向受力构件（剪力墙、柱、砖墙、斜撑等）在与水平受力构件（楼板、梁）协同作用下承担着水平地震荷载（风荷载）。应控制框架柱、剪力墙截面的尺寸与设置间距（在布置柱网的同时应考虑建筑合理车位等其他经济需求）。框架结构中往往还应特别注意楼梯（斜撑）设置的影响，对于结构刚度贡献不利的可以通过滑动支座释放其刚度。带有剪力墙的结构类型中由于剪力墙对结构整体刚度影响较大，在应对地震偶然偏心作用的时候，往往将剪力墙沿偏心作用点外分散设置（而不是一味加强）更为有效。以上设置剪力墙的原则同样适用于砖混结构。而对于水平构件中的梁，宜适当地削弱梁构件的刚度，同时在部分对裂缝不敏感的区域的楼板采用弹塑形设计。通过这样的结构设计思路可以有效地实现规范所提倡的强柱弱梁、强剪弱弯的设计理念；在整体提高结构抵抗水平承载力的同时，也节约了结构的成本。

（三）优化方案的比较

结构设计优化在有了规范的支持和结构受力的思路后。其核心是要进行结构材料用量分析，计算正确时，根据不同的计算数据，提出不同的优化方案。大到结构形式的选择，如混凝土框架结构与钢结构的优化比对。次到楼板体系的选择，如井字梁梁板体系与单向板体系、厚板体系等。再到构件类型的选择，如钻孔灌注桩与高强预应力管桩。最小到材料的优化，如高强钢筋与低强钢筋的合理搭配、高标号混凝土的合理应用。有了这样的思路，我们就可以通过不同的优化方案计算出不同结构的工程材料成本。与此同时，同样不能忽略施工成本的部分，精准地计算出施工的工期、施工相应的设备与技术人员开销。结合两个方面进行不同优化方案的比较，选出最经济合理的优化方案，从而达到结构设计优化的目的。

第四节 装配式建筑结构设计

针对装配式建筑结构设计中存在的问题，进行综合分析，并简要介绍装配式建筑结构的特点，如结构设计更加标准、各项构件实现工厂化生产目标等等，提出装配式建筑结构设计流程与要点，能够保证装配式建筑结构更为稳固，有效降低建筑结构失稳现象的发生，希望能为有关人员提供有效参考与借鉴。

在建筑业迅猛发展的今天，人们对建筑工程的要求越来越高，尤其是建筑结构形式。现代建筑形式具有多样化的特点。近几年来，装配式建筑工程越来越多，为了保证装配式建筑结构更为合理，做好结构设计工作特别关键，鉴于此，本节重点研究装配式建筑结构设计要点。

一、装配式建筑结构的特点分析

在常规的建筑工程当中，采用现场施工方式比较多，在工程项目建设施工环节，工业化水平比较低，会消耗大量的资源，产生很多废弃物，存在设计施工水平低下、装饰装修质量不达标等一系列问题。与常规的建筑工程项目相比，装配式建筑工程项目具备施工作业难度低、施工废弃物少、施工材料使用率高等特点，而且这一类型的建筑工程项目施工成本更容易控制，施工周期也比较短，项目的运行维护管理更为简单。

此外，装配式建筑工程项目能够将低碳理念、环保理念、节能理念有效融合，建筑结构设计更为标准，各项施工构件实现工厂化生产目标，建筑项目的装饰装修质量更佳，能够更好地弥补常规建筑工程施工中存在的不足，将建筑工程项目各环节之间的局限完全打破，使工程项目产业上、下游更为协同。

二、装配式建筑结构设计流程

通常来讲，装配式建筑结构设计主要分为 5 步，分别是技术选择、施工方案的设计、初期设计、施工图设计、构建加工设计等步骤。

在施工方案设计环节，设计人员需要结合装配式建筑工程结构特点，制定出更为全面的施工方案。如果施工方案设计不合理，会对装配式建筑结构的可靠性能与安全性能产生较大影响，因为装配式建筑结构施工方案设计难度较大，具有一定的系统性，因此，设计人员要运用科学的设计理念进行设计。

在技术选择过程中，设计人员要明确装配式建筑工程的具体施工位置，包括工程项目的施工规模，了解建筑工程项目外部施工环境，准确计算装配式建筑工程项目施工成本，并制定完整的技术方案，保证装配式建筑构件更为标准，为项目中的施工作业人员提供良好依据。

在施工图设计环节，设计者要结合之前的技术选择与初步设计内容，结合装配式建筑当中各个专业提供的有效参数，明确预制构件的安装要求，特别是工程项目当中的重点部位，要加强防水设计。

在预制构件加工设计环节，设计单位要主动联系预制构件加工企业，和加工企业协同设计，并结合装配式建筑工程施工场地的实际情况，为构件加工企业提供准确的预制构件尺寸设计图，保证装配式建筑工程中的各项管线稳定运行。结合各项预制构件的运输与吊装要求，安排专业人员提前设置好预制构件起吊与固定设备。

三、装配式建筑结构的设计要点研究

（一）深化设计要点

在制作装配式建筑预制构件之前，设计人员需要加强深化设计，针对装配式建筑深化设计文件，需要认真按照高层建筑工程整体设计规范与标准进行设计，并做好相应的文件编制工作。预制的全部建筑构件详解图纸之中，要明确预留孔洞位置，包括各项预埋件位置等等。设计人员要认真按照装配式建筑工程整体设计规范与标准进行设计，并逐一进行全面分析，保证后续的装配式建筑结构设计工作顺利开展。

（二）连接性设计要点

在装配式建筑工程当中，建筑结构的竖向与水平接缝位置钢筋，需要利用套筒灌浆方法进行处理，保证钢筋稳固连接，钢筋接头要符合装配式建筑结构设计要求。预制建筑剪力墙，钢筋接头部位的钢筋外侧套管箍筋混凝土保护层厚度不宜小于 20mm，套管之间的距离不宜小于 25mm。

预制梁体，包括后浇混凝土，需要进行有效叠合，叠合为结合面之后，方可对平面进行粗糙处理。装配式建筑工程中的预制梁体断面处，需要进行粗糙面处理，并合理设置键槽，键槽的数量和尺寸要满足装配式建筑工程项目有关施工标准。预制好的剪力墙，墙体顶部位置与底部位置，包括后浇混凝土结合面，均需设置粗糙面。梁体和后浇筑混凝土结合面，要设置相应的粗糙面与键槽，粗糙面的面积不能小于 80%，预制板粗糙面凹凸深度不宜小于 4mm。

（三）整体构造设计要点

在装配式建筑工程当中，叠合板通常采用单向板，因此，在制作环节，底板需要提前预留出开洞的具体位置，开洞具体位置要与桁架钢筋保持一定距离。若开洞的洞宽度超过了 300mm，受力钢筋需要将洞口位置绕过，不能直接将钢筋切断。如果洞口宽度为

300～1000mm，则需要在洞口附近设置一定量的附加钢筋，洞口周围需要设置附加钢筋。对于装配式建筑工程项目设计人员来讲，要运用先进的设计理念，妥善解决装配式建筑结构整体构造设计中存在的问题，并对原有的项目整体构造设计方案进行优化，在提升装配式建筑工程项目整体构造合理性的同时，有效减少结构失稳现象的出现。

针对立面楼层，预制好的剪力墙位置，需要提前设计密封后浇钢筋，包括混凝土圈梁，混凝土圈梁要和房屋浇筑与叠合楼组成一个整体。针对不同楼层与楼面的预制剪力墙，如果剪力墙顶部没有后浇圈梁，则需要设计良好的水平式后浇带。一般来讲，水平式后浇带如果超过两根纵向连续钢筋的宽度，每根钢筋直径为12mm，能够有效提升装配式建筑结构的施工质量。

（四）结构防水设计要点

在时间的作用下，建筑工程项目受外界环境因素的影响越来越大，特别容易发生不同类型的质量问题，缩短建筑工程项目的施工时间，降低项目的安全系数。所以，对装配式建筑工程中的混凝土质量要求特别高，不但需要混凝土具备良好的防水性能，而且要具备较好的耐久性。

在装配式建筑工程项目当中，楼板与外墙均需要进行预制，这些部件直接和外界环境接触，在进行预制构件连接性设计时，设计人员要加强防水设计。例如，在某高层装配式建筑工程项目当中，外墙采用预制墙板，采取密封的形式，具有较好的防水性能。在此装配式建筑工程当中，预制的外墙板最外一层为高弹力泡沫棒，中间层为减压空间，使用防水胶条进行密封处理，其内部则采用灌浆层，利用砂浆进行密封。通过做好装配式建筑工程防水设计工作，能够保证建筑工程项目的整体防水效果得到更好提升。

（五）钢筋混凝土构件与装配式构件设计要点

在进行施工材料设计时，设计人员重点考虑以下两个问题：

（1）混凝土材料对比设计要点。装配式建筑工程项目当中的混凝土施工强度等级要符合工程的具体施工要求，梁、板与剪力墙等预制构件要具备良好的防水性能与耐久性，由于这些构件与现浇构件相似，故预制剪力墙板内部的混凝土轴心抗压强度性能标准参数设计数值不宜超过20%。在选择混凝土施工材料时，尽可能选择性能较好的混凝土施工材料进行施工，并合理设计混凝土配合比，在提升混凝土施工质量的同时，有效提高装配式建筑工程项目的可靠性与安全性能。

（2）钢筋与连接构件设计要点。在进行钢筋和连接构件设计工作时，钢筋混凝土构件的各项性能参数标准要满足有关规定标准，具体如下：钢筋的施工材料强度等级符合有关规定，钢筋合格率达到95%以上；吊环与吊钩等结构构件需要使用HPB300级别的钢筋材料进行施工，不能使用冷加工式钢筋材料；钢筋材料的抗拉强度实际测定值，应该和其自身的屈服强度测定值比例保持在1.25左右。

（3）为了保证钢筋混凝土构件和装配式构件设计工作得以顺利开展，设计人员还要根据装配式建筑结构特点，适当提高钢筋混凝土构件设计标准，并结合装配式构件结构特点，对既有的设计方案进行改进，在提高装配式建筑施工方案实施效果的同时，避免建筑结构出现大面积失稳现象。

综上，通过对装配式建筑结构的设计要点进行全面分析，如深化设计要点、连接性设计要点、整体构造设计要点、结构防水设计要点、钢筋混凝土构件与装配式构件设计要点等等，能够保证装配式建筑结构工程项目施工的有序进行，有效提升装配式建筑工程项目的施工质量。

第五节　建筑结构设计的安全性

随着中国社会的快速发展，经济呈现高速增长的趋势，人们的生活水平也不断提高，这在一定程度上也带动了中国房地产行业的发展。房地产业是整个建筑工程中最重要的组成部分，其中建筑结构的设计对整个建筑工程的施工质量有着非常重要的影响。因此，建筑结构的设计，对建筑日后使用的安全性也有着很大的影响。目前建筑结构设计呈现出多元化发展的趋势，建筑结构形式也变得越来越复杂，这就很可能会带来一系列的安全隐患。因此必须要提高建筑结构设计的安全性，从而保证人民群众的生命财产权。本节就建筑结构设计中可能存在的安全问题进行了分析，同时也提出了如何提高建筑结构设计安全性的有效改进措施。

一、房地产业建筑结构设计安全性的重要意义

在房地产业中，整个建筑工程中最为重要的就是建筑结构设计。因为房地产业中的建筑结构设计主要是针对人们的日常使用和居住。因此保证建筑结构设计的安全性就是在保证人民群众的生命及财产安全。对于建筑结构设计的安全性最主要的检验标准就是整个建筑结构的设计是否能够满足使用要求，需要从各个方面综合考虑各种因素来满足建筑结构设计的安全性。

建筑结构设计是保证整个房地产业建筑安全性十分重要的前提，目前我国的房地产业中相关建筑结构设计人员所考虑的一个最重要的问题就是，在设计阶段如何合理地进行建筑结构的设计，提高建筑结构设计的安全性。这在一定程度上还能有效地降低整个建筑结构施工的费用节约成本，提高整个房地产业的经济效益。建筑结构设计的安全性主要是为了保证建筑在正常施工和使用的前提下，能够承受可能出现的各种外界破坏力，比如说地震、台风等自然灾害，从而保证人们的生命财产安全。提高建筑结构设计安全性，不仅能够提高房地产业的经济效益，同时也是整个房地产业能够可持续发展的重要途径。

二、房地产业建筑结构设计中存在的安全问题

（一）建筑结构设计不合理

目前中国房地产业中还存在着部分建筑结构设计人员专业素质比较低，而且有些建筑结构设计人员在进行建筑结构设计的时候，经常采用经验优先的原则即根据以往的经验来进行相应的结构设计。这就会造成所设计的建筑结构存在问题，很可能会造成安全事故。在建筑结构的设计过程中有时会出现建筑内楼梯或者电梯的布局不合理的问题，这样就不利于人员的疏散。如果发生火灾或者其他紧急情况，就会对人们的生命财产安全产生比较大的威胁。除此之外，某些高层建筑在设计时很容易忽略地震或者是强风对整个建筑结构安全性的威胁。甚至还有些建筑结构设计人员在设计阶段过于注重整体建筑的外观，从而忽略整体结构的稳定性以及质量安全问题。部分小建筑公司，设计人员的技术水平不过关，设计理念过于陈旧，这就会导致其设计出来的建筑结构不符合现代化使用标准，从而埋下安全隐患。

（二）建筑结构设计的抗震性较低

当前我国房地产业在进行建筑结构设计时，很多建筑结构设计人员没有充分考虑到抗震性，导致整体建筑结构的抗震性不符合国家要求。尤其是在地震多发地区，在建筑结构设计时更需要考虑到抗震性要求。例如在我国四川一带，正是由于建筑结构设计时没有充分考虑到抗震性要求，才会在发生较大的地震时对人们的生命财产安全产生了巨大的威胁，同时也对国家经济产生了不良影响。目前我国房地产业，在建筑结构设计阶段很多都不能充分认识到抗震性的重要意义。因此，我国很多的建筑抗震能力都比较弱，存在很大的安全隐患。

三、提高建筑结构设计安全性的措施

（一）增强建筑结构设计人员相关专业知识

提高相关建筑结构设计人员的专业素质就要求我国房地产业有关建筑结构设计人员必须具备深厚的专业知识，以及扎实的专业技术能力。同时还应具有丰富的建筑结构设计经验。因为只有同时具备专业素质与经验，建筑结构设计人员才能够依据工程实际情况，来设计和改进建筑结构的形式，从而最大限度满足整个建筑结构的安全性。在具备了相应的专业技能之后，还必须增强建筑结构设计人员的安全意识，只有当建筑结构设计人员十分重视建筑结构设计的安全性时，才能够在设计过程中充分考虑安全性。这就需要相关房地产业公司对建筑结构设计人员进行相应的培训，加强他们的安全意识，并且让建筑结构设计人员认识到自己所承担的责任。

（二）严格按照国家相关标准来进行建筑结构设计

国家已经颁布相关的建筑抗震性规范，以及其他的一些对房地产业建筑安全性的要求，在建筑结构设计阶段，应充分参照相关规范，以及相关的各项条款，在保证安全性的同时设计建筑结构。一旦建筑结构设计人员发现出现不符合规定的情况时，应当及时改正或揭露，这不仅能保证建筑结构设计的安全性，也能为人民群众的生命财产安全提供保障。

（三）加强建筑结构设计人员的质量意识

建筑结构设计人员除了要按照国家相关标准规范进行设计以外，还应该具有相关的质量意识，必须怀有严肃认真的工作态度，对建筑结构设计中的每一个细节都能够非常重视，做到精益求精，这样才能提高整个建筑结构设计的安全性，确保每一个细节都做到最好。相关设计人员必须秉持对建筑结构设计安全性负责，对人民群众财产安全负责的工作态度来进行建筑结构设计。

（四）要不断加强建筑结构设计的创新

社会在不断地发展与进步，建筑结构的设计也应该与时俱进、推陈出新。但是在建筑结构设计创新的时候，首先要应该考虑的就是如何保证建筑结构的安全性问题。在设计阶段相关的建筑结构设计人员要根据自己已有的相关专业知识结合实际的情况，从保证安全性的目的出发，对建筑结构的设计进行创新和改进。与此同时，相关建筑结构设计人员还要善于从以往的工作中总结经验，对每次成功的创新都进行总结，以便于以后工作中根据相关知识储备及设计经验，对建筑结构进行合理化创新，提高建筑结构设计的安全性。

总体来说，本节在介绍了我国房地产业中建筑结构设计安全性的前提下，分析和探讨了目前房地产业建筑结构设计中的某些不足之处，并且也针对具体问题提出了相应的解决办法。建筑结构设计的安全性具有十分重大的意义。因此，相关设计人员在设计阶段应充分考虑到建筑设计的安全性，并尽力提高建筑设计的安全性，这是推动整个中国房地产业可持续发展的必然要求。

参考文献

[1] 赵志勇. 浅谈建筑电气工程施工中的漏电保护技术 [J]. 科技视界，2017(26)：74-75.

[2] 麻志铭. 建筑电气工程施工中的漏电保护技术分析 [J]. 工程技术研究，2016(05)：39+59.

[3] 范姗姗. 建筑电气工程施工管理及质量控制 [J]. 住宅与房地产，2016(15)：179.

[4] 王新宇. 建筑电气工程施工中的漏电保护技术应用研究 [J]. 科技风，2017(17)：108.

[5] 李小军. 关于建筑电气工程施工中的漏电保护技术探讨 [J]. 城市建筑，2016(14)：144.

[6] 李宏明. 智能化技术在建筑电气工程中的应用研究 [J]. 绿色环保建材，2017（01）：132.

[7] 谢国明，杨其. 浅析建筑电气工程智能化技术的应用现状及优化措施 [J]. 智能城市，2017（02）：96.

[8] 孙华建. 论述建筑电气工程中智能化技术研究 [J]. 建筑知识，2017，(12).

[9] 王坤. 建筑电气工程中智能化技术的运用研究 [J]. 机电信息，2017，(03).

[10] 沈万龙，王海成. 建筑电气消防设计若干问题探讨 [J]. 科技资讯，2006(17).

[11] 林伟. 建筑电气消防设计应该注意的问题探讨 [J]. 科技信息（学术研究），2008(09).

[12] 张晨光，吴春扬. 建筑电气火灾原因分析及防范措施探讨 [J]. 科技创新导报，2009(36).

[13] 薛国峰. 建筑中电气线路的火灾及其防范 [J]. 中国新技术新产品，2009(24).

[14] 陈永赞. 浅谈商场电气防火 [J]. 云南消防，2003(11).

[15] 周韵. 生产调度中心的建筑节能与智能化设计分析：以南方某通信生产调度中心大楼为例 [J]. 通讯世界，2019，26(8)：54-55.

[16] 杨吴寒，葛运，刘楚婕，等. 夏热冬冷地区智能化建筑外遮阳技术探究：以南京市为例 [J]. 绿色科技，2019，22(12)：213-215.

[17] 郑玉婷. 装配式建筑可持续发展评价研究 [D]. 西安：西安建筑科技大学，2018.

[18] 王存震 . 建筑智能化系统集成研究设计与实现 [J]. 河南建材，2016(1)：109-110.

[19] 焦树志 . 建筑智能化系统集成研究设计与实现 [J]. 工业设计，2016(2)：63-64.

[20] 陈明，应丹红 . 智能建筑系统集成的设计与实现 [J]. 智能建筑与城市信息，2014（ 7 ）：70-72.